低压线损
精益化管理实务

DIYA XIANSUN
JINGYIHUA GUANLI SHIWU

国网江苏省电力公司　组编

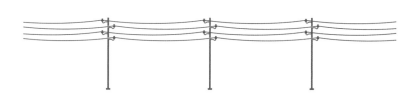

中国电力出版社
CHINA ELECTRIC POWER PRESS

内 容 提 要

本书分低压线损管理实务和线损典型案例两篇。低压线损管理实务篇介绍台区合理线损计算模型、台区线损在线分析及管理方法、台区线损分析应用软件设计；线损典型案例篇根据影响线损的原因（包括档案、计量、客户、设备、线路线损及其他原因）进行案例分析，并对线损及线损管理、线损"四分"管理、网损、地区线损、台区日线损统计、线损率计算方法、关口电能计量点分类等指标进行解释。

本书可供电网公司线损管理人员与线损分析人员学习参考，也可作为辅助核查线损率异常台区的指导用书。

图书在版编目（CIP）数据

低压线损精益化管理实务/国网江苏省电力公司组编 . —北京：中国电力出版社，2017.12
ISBN 978 - 7 - 5198 - 1464 - 9

Ⅰ.①低… Ⅱ.①国… Ⅲ.①低电压—线损计算 Ⅳ.①TM744

中国版本图书馆 CIP 数据核字（2017）第 296279 号

出版发行：中国电力出版社
地　　址：北京市东城区北京站西街 19 号（邮政编码 100005）
网　　址：http：//www. cepp. sgcc. com. cn
责任编辑：刘丽平（010-63412342）　盛兆亮
责任校对：马　宁
装帧设计：王英磊　左　铭
责任印制：邹树群

印　　刷：北京瑞禾彩色印刷有限公司
版　　次：2017 年 12 月第一版
印　　次：2017 年 12 月北京第一次印刷
开　　本：787 毫米×1092 毫米　16 开本
印　　张：11.5
字　　数：207 千字
印　　数：0001—5000 册
定　　价：60.00 元

编　委　会

主　　编　李作锋

副 主 编　李瑶虹　丁　晓　张凌浩

编撰人员　丁　晓　钱立军　徐金玲　徐爱华　邹云峰

肖德林　丁　彬　吴　虹　金　璐　张　博

仇经纬　王　伟　孔月萍　李新家　李　平

李义芳　蒋仁鑫　王伟平　徐红来　孙志翔

杨　鹏　黄　通　严永辉　黄　坚　侯小兵

赵可欣　陆伟伟　霍　尧　江　明　陈　焘

前 言

　　线损率是在一定时期内电能损耗占供电量的比率，是反映电网规划设计、生产运行和经营管理水平的综合性经济技术指标。线损管理是供电企业供电经营管理中一项工作量大、技术性强、基础性广的系统工程。低压台区线损管理涉及营销用电管理、计量管理、抄核收管理、配电网规划管理、运行管理、检修管理等方面，全面体现了电网企业对台区设备及用户的管理水平，是电网企业线损"四分"管理的一个重要组成部分。

　　"节约能源，低碳发展"是世界各国尤其是发展中国家面临的一项极为重要而紧迫的任务，我国也相继出台了相关政策，重点提出完成节能减排指标，完善节能减排工作体系等内容。作为电网企业，高效务实的减少电网输配电损失，是对"构建全球能源互联网，走向人类可持续发展新时代"的鼎力支撑，是实现宏伟中国梦的坚实基石。低压线损的精益管理是电网企业响应中央、国务院供给侧结构性改革的率先实践。

　　近年来，国网江苏省电力公司从助力国家节能减排、加快创建"两个一流"、突破线损管理瓶颈、推进营销精益管理的需要出发，夯实营销线损管理基础，深化用电信息采集系统建设成果应用，突出线损异常台区治理，创新构建电网企业低压线损精益管理体系，实施台区理论线损在线计算、台区线损异常原因在线智能分析、治理成效的自动评价和闭环管理，注重线损异常治理典型经验交流，建立典型经验库。通过以上措施，国网江苏省电力公司的营销线损精益管理水平得到有效提升，线损评价指标在国家电网公司位居前列。

　　为了进一步提升电网企业基层工作人员营销线损统计分析技能，国网江苏省电力公司组织编写了本书。本书主要通过研究台区的合理线损值及在线分析方法，建立典型台区的合理线损库和异常原因库，构建台区线损的在线监测和异常预警、在线智能诊断模型，设计开发台区线损在线分析应用软件，真正实现用电信息采集深层次、智能化、实用化应用。此外，还有线损典型案例库，从多个专业角度进行专项案例分析。通过对本书的系统学习，能够全面提升基层线损工作人员的理论水平和现场工作能力。

　　限于编写时间和编写人员水平，书中难免有疏漏和不足之处，恳请广大读者批评指正。

编者

2017.4

目　录

前言

第一篇　低压线损管理实务

第一章　台区合理线损计算模型 ………………………………………… 3
第一节　线损基础知识 ……………………………………………………… 3
第二节　台区合理线损计算模型概述 …………………………………… 5
第三节　台区合理线损计算模型的建模方法 …………………………… 9
第四节　实际线损数据验证 …………………………………………… 28

第二章　台区线损在线分析及管理方法 ……………………………… 36
第一节　台区线损分级治理 …………………………………………… 36
第二节　台区线损异常原因智能分析设计 ……………………………… 38
第三节　台区线损异常整改工单化 …………………………………… 39
第四节　台区线损差异化评价管理 …………………………………… 51

第三章　台区线损分析应用软件设计 ………………………………… 58
第一节　台区线损建模及预测分析软件 ………………………………… 58
第二节　台区线损在线分析应用软件 …………………………………… 71

第二篇　线损典型案例

第四章　档案 …………………………………………………………… 83
第一节　TA变比有误 ………………………………………………… 83
案例1　关口户现场倍率与系统倍率不一致 ……………………… 83
案例2　关口三相互感器现场非同组同型 ………………………… 84
案例3　客户营销系统倍率与现场倍率不一致 …………………… 85
第二节　户变关系有误 ………………………………………………… 87
案例4　关口挂接关系有误，倍率相同 …………………………… 87
案例5　关口挂接关系有误，倍率不同 …………………………… 88
案例6　单电源客户台区挂接有误 ………………………………… 89
案例7　双电源用户台区挂接主备供有误 ………………………… 90
案例8　营销系统单电源客户，现场实际为双电源客户 ………… 92
第三节　有表无户 ……………………………………………………… 93
案例9　现场有表系统已销户 ……………………………………… 93

第四节　营销系统档案字段错误 ··· 95

案例 10　参考表字段是否为"NULL"或"是" ····························· 95

案例 11　客户转供标志错误 ··· 96

案例 12　光伏发电客户计量点主用途类型选择错误 ····················· 97

案例 13　客户计量点级别错误 ··· 99

第五节　其他档案类 ·· 100

案例 14　小区变电站自用电需装表建户 ···································· 100

案例 15　负控客户在用电信息采集系统重复建档 ······················ 100

第五章　计量 ··· 102

第一节　采集安装未全覆盖 ·· 102

案例 16　漏装采集装置 ··· 102

案例 17　采集装置无法安装 ··· 103

第二节　采集运维不到位 ··· 105

案例 18　采集器无法采集数据 ·· 105

案例 19　采集设备自身缺陷 ··· 106

案例 20　电能表前设计开关引起电能表失电 ····························· 107

案例 21　采集不同期 ·· 108

第三节　计量装置 ··· 109

案例 22　关口漏计量 ·· 109

案例 23　配电变压器出线在关口表 TA 之前 ····························· 111

案例 24　关口互感器影响线损 ·· 111

案例 25　关口终端内表地址建档错误导致关口串户 ···················· 112

案例 26　计量装置安装不规范导致关口表欠压 ·························· 114

案例 27　关口表一相失压 ··· 116

案例 28　关口表某相电流失流 ·· 117

案例 29　电流进出线接反且移相 ··· 117

案例 30　两相电流线交互错接线 ··· 119

案例 31　互感器接有非计量二次回路导致电流分流关口少计 ········· 121

案例 32　现场实际电压与关口表显示电压不符 ·························· 123

案例 33　现场实际电流与关口表显示电流不符 ·························· 124

案例 34　互感器故障导致电能表电流与实际电流不符 ················· 125

案例 35　电能表超差 ·· 125

第六章　客户 ··· 130

第一节　窃电 ··· 130

案例 36　客户短接电能表内部进线端进行窃电 ·························· 130

案例 37　客户改变电能表内部芯片电路进行窃电 ······················ 131

案例 38　比对同期用电量查明窃电客户 ···································· 133

案例 39　客户绕越计量装置接线窃电 ······································ 134

案例 40　客户私自接线窃电导致线损增高 ································· 135

第二节　超容 ·· 137

案例 41　客户超载运行时线损率发生异常 ···················· 137

案例 42　客户因超容影响正确计量 ······························· 137

第三节　谐波干扰 ·· 139

案例 43　谐波干扰导致采集抄表失败 ·························· 139

第四节　未装表计量用电 ··· 141

案例 44　小区变电站自用电未计入用电量 ················· 141

案例 45　单相小功率设备无表无户用电 ···················· 143

第五节　功率因数低 ··· 144

案例 46　客户功率因数偏低导致高线损 ···················· 144

第七章　设备 ·· 146

第一节　供电半径过长或线径小 ·· 146

案例 47　客户接户线线径过细导致高线损 ················· 146

第二节　三相负载不平衡 ··· 147

案例 48　三相负荷不平衡导致线损超高 ···················· 147

第三节　负载率低、设备损耗占比高 ···································· 149

案例 49　负荷率低、设备损耗大，导致台区线损率偏高 ··· 149

第四节　绝缘不良 ·· 150

案例 50　低压线路搭在横担上放电，引起台区高线损 ··· 150

案例 51　接户线接触墙体放电，漏电保护设备未动作 ··· 151

第八章　线路线损 ··· 154

第一节　档案 ··· 154

案例 52　线变关系差错导致线损异常 ·························· 154

案例 53　双电源客户线表关系错误引起异常线损 ······ 154

案例 54　电能量系统供电关口倍率差错引起负线损 ··· 155

第二节　计量 ··· 156

案例 55　客户电能表故障及 TV 熔断综合问题造成线损异常 ··· 156

案例 56　换表后电流连片未打开造成线损异常 ·········· 156

第三节　客户 ··· 157

案例 57　客户 C1 钢结构短接电流互感器二次接线窃电 ··· 157

案例 58　客户短接接线盒二次电流回路窃电 ·············· 159

案例 59　客户高科技遥控窃电 ···································· 162

第四节　其他 ··· 164

案例 60　线路 A 倒供线路 B 负荷引起线损波动 ········· 164

第九章　其他原因 ··· 165

第一节　施工质量不良 ··· 165

案例 61　客户计量装置电压连接片松动导致线损偏高 ··· 165

第二节　配电人员变更运行方式未告知 ································· 166

案例 62　两台带低压母联配变运行方式变更致台区线损异常 ··· 166

第三节　配电人员操作不规范 ·· 167

　　案例 63　配电人员设备操作不规范影响台区线损 ·························· 167

第四节　台区负荷切割 ··· 169

　　案例 64　台区负荷切割未及时维护档案导致户变关系错 ··············· 169

　　案例 65　台区负荷挂接点有误导致户变关系错 ··························· 170

附录　指标解释 ··· 172

第一篇

低压线损管理实务

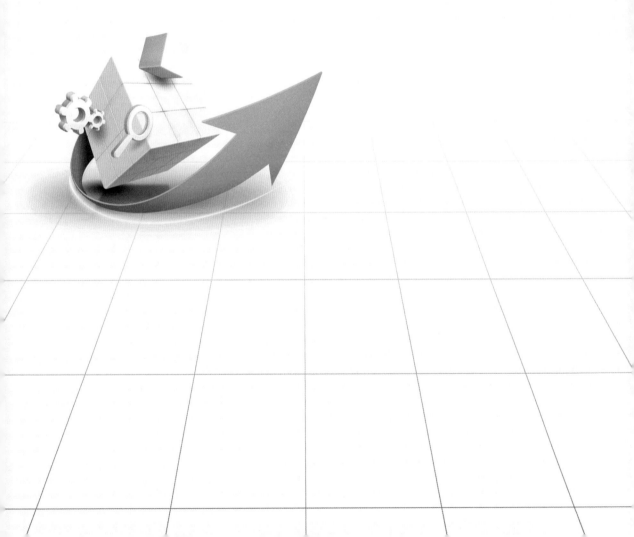

第一章

台区合理线损计算模型

第一节　线损基础知识

线损是供电企业一项综合性的经济技术指标，是企业利润的重要组成部分，其大小决定于电网结构、技术状况、运行方式、潮流分布、电压水平以及功率因素等。它在反映电网的运行管理水平的同时，还受到电网规划设计以及电网建设的制约。在管理方面，线损高低还反映了供电企业的经营管理水平，为此降低线损在供电企业的发展中越发凸显出重要性。

一、线损的分类和构成

电网经营企业在电能输送和营销过程中所产生的电能损耗和损失称为线损。电能损失可按其损耗的特点、性质进行分类，降损工作要根据这些特点、性质采取相应的技术和管理措施。

1. 按线损的特点分类

按线损的特点分为可变损耗、不变损耗和其他损失。

（1）可变损耗。该损耗是电网各元件中的电阻在通过电流时产生，大小与电流的平方成正比。如电力线路损耗、变压器绕组中的损耗。

（2）不变损耗（或固定损耗）。该损耗的大小与负荷电流的变化无关，与电压变化有关，而系统电压是相对稳定的，所以其损耗相对不变。如：变压器、互感器、电动机、电能表铁芯的电能损耗，电容器和电缆的介质损耗以及高压线路的电晕损耗、绝缘子损耗等。

（3）其他损失。也称管理损耗或不明损失，是由于管理不善，在供用电过程中因跑冒滴漏等造成的电能损失。

2. 按线损的性质分类

按线损的性质分为技术线损和管理线损，如图 1-1 所示。

（1）技术线损。又称为理论线损，它是电网各元件电能损耗的总称，主要包括不变损耗和可变损耗。技术线损可通过理论计算来预测，通过采取技术措施达到降低的目的。

（2）管理线损。主要包括由计量设备误差引起的线损以及由于管理不善和失误等原因造成的线损。

1）电能计量装置的误差，如电能表错误接线、计量装置故障、二次回路电压降、熔断器熔断等引起的电能损耗。

2）营销工作中由于抄表不到位，存在漏抄、错抄、估抄等现象，核算过程中错算

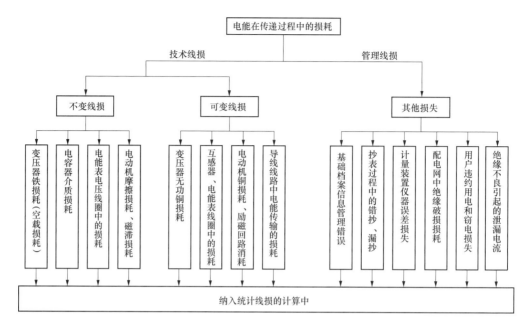

图 1-1　按线损性质分类

等引起的电能损耗。

3）用户违章用电及窃电等。

4）供、售电量抄表时间不一致引起的。

5）带电设备绝缘不良引起的泄漏电流等。

管理线损通过加强管理是可以降到零的，而技术线损是不能降到零的。

3. 按线损管辖范围和电压等级

线损根据电网公司管辖范围和电压等级可分为一次网损和地区线损，如图 1-2 所示。

（1）一次网损。由网、省（市、区）电网公司调度管理的输、变电设备产生的电能损耗，称为一次网损。一次网损可分为 500、330kV 和 220kV 网损。

（2）地区线损。由供电公司调度管理的输、变、配电设备产生的电能损耗，称为地区线损。地区线损按照运行电压等级分为 110、66、35kV 地区网损和 10（6）kV 及以下配电线损。地区线损可分为地区网损和配电线损。

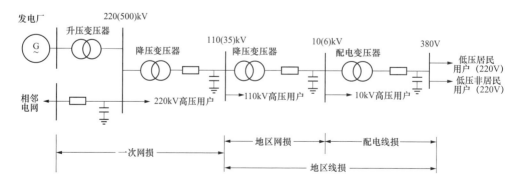

图 1-2　电力网线损分网（级）、分压示意

二、 线损降损措施

线损是在电力网运行中发生的，导致电能损耗的因素，有技术、设备、运行、管理等。根据线损的组成和性质，降低线损的措施主要分技术降损和管理降损措施两类。

（1）技术降损措施。包括电力网技术改造和经济运行。电力网技术改造措施有电力网升压改造、合理调整运行电压、换粗导线截面、降低配电变压器电能损耗、平衡配电变压器三相负荷、增加无功补偿等；电力网经济运行措施有线路经济运行、主变压器经济运行、配电变压器经济运行、无功电压优化运行等。

（2）管理降损措施。包括建立健全线损管理体系、加强指标管理、营配调基础数据管理、营销（用电）管理、计量管理等，线损管理涉及范围广、情况复杂、工作难度大，需要建立包括调度、规划、运检、营销等部门的管理网络，做到各尽其职、密切配合、协同工作。这是做好线损管理的基础工作，也是降低管理线损的重要措施。

第二节　台区合理线损计算模型概述

一、 台区合理线损计算模型的提出

线损包括统计线损、理论线损、管理线损等种类。电力部门在实际的生产应用中，以供电量与售电量的差值作为统计线损（即实际线损），以统计线损占供电量的比例作为线损率。台区线损管理通过比较理论线损与实际线损的差值，对线损率进行分析和预测，提供较为科学的降损措施，以提升电力部门的管理水平与经济效益，促进电网的建设与改造。可见，理论线损的计算是线损管理中重要的一环。

1. 理论线损的计算

理论线损的传统计算方法有潮流计算法、负荷曲线法、节点电压法等，其都是通过从理论角度分析线损产生原因，搭建数学模型，再通过具体计算得到预测的理论线损值。随着电网运行的实时化、数字化、智能化发展，对理论线损计算的精确度与计算效率的要求越来越高。然而，由于理论线损的数学模型复杂，影响因素众多，传统计算方法难以全面反映当前的线损状况。近年来，人工智能算法以其优越的性能，正逐步应用于理论线损的计算中。与传统方式不同，人工智能算法全面考虑了线损的影响因素，其数学模型具有良好的适应性与可扩展性，在电力系统线损计算领域取得了长足的进步。

目前，人工智能算法主要通过搭建仿真模型，得到线损影响因素的部分数据，再通过如神经网络、支持向量机等算法进行线损预测。该方法存在以下三个基本问题：

（1）影响因素考虑较少。由于仿真模型的效率不高以及数据来源较少，影响因素考虑得不够全面，基本上只考虑有功供电量、无功供电量、配电变压器总容量、线路总长度等影响因素，对于低压台区自身的属性特征涉及较少，同时在计算过程中线路长度、供电半径等数据难以直接得到，进一步影响了线损预测的工程化应用步伐。

（2）所选择的人工智能算法较为复杂，计算量巨大。随着监测数据的日积月累，计算模型也会以指数形式增长，在工程应用中实施较为困难。电力系统大数据的时代来临，对数据挖掘处理技术提出了新的要求，实时高效的数据处理是复杂算法难以达到的。

（3）传统算法对现有数据的挖掘力度不够，造成大量的数据资源堆积，并没有得到高效利用。线损管理中的主要矛盾在于理论线损预测不合理与大量数据没有得到充分利用之间的矛盾。因此，利用现有用电信息采集系统中存储的大量数据，分析其中与线损有关的影响因素，开发满足线损管理要求的系统，能够高效进行数据处理，准确预测现有台区的线损值，是亟须解决的重要问题。

2. 合理线损的确立

针对上述线损计算中的主要问题，以大数据在电力系统中的应用为背景，以数据挖掘技术为手段，以用电信息采集系统数据为对象，构建新的线损评估模型，以解决理论线损预测不合理与大量数据没有得到充分利用之间的矛盾。因此，提出了合理线损的概念。

合理指普遍存在的数据样本即为合理的数据样本。反映在线损管理中，即普遍存在的台区合理线损值即为合理线损值。以合理线损代替理论线损，更加贴近生产实际，更为合理，也更易于应用。同时，还能够充分利用现有数据资源，符合大数据的发展方向。于是，理论线损计算问题转化为合理线损值的确定问题。

需要指出的是，合理线损并不是一个确定的值，而应该是一个线损值和一个线损范围（置信区间）。在统计学中，一个概率样本的置信区间是对这个样本的某个总体参数的区间估计，置信区间展现的是这个参数的真实值有一定概率落在测量结果的周围的程度，这个概率被称为置信水平。以实际线损值与合理线损值的差值与置信区间比较来确定线损的合理程度（合理、较合理以及不合理等）。差值较小且在置信区间内，即为合理；差值大但还在置信区间内，即为较合理，超出置信区间，即为不合理。因此，合理线损评估模型中需要解决两个基本问题：①线损值的预测；②置信区间的确定。

二、　台区合理线损计算模型的研究思路

对于上文提出的两个基本问题，下文提出了相应的解决方案。通过数据挖掘对某省公用台区基本数据进行处理，采用聚类与回归结合的方法构建数据模型。

对于置信区间的确定问题，采用聚类方法。聚类是将数据的集合分成由类似的数据组成的多个类的过程，即利用聚类算法将 46 万个公用台区基本数据分为若干类，每一类的数据基本近似。从大数据的角度看，类似的台区应该具有较为相近的线损值。从样本分布的角度看，每一类台区的线损值应呈正态分布，绝大多数的数据样本分布在中心两侧，少量样本分布在偏离中心的位置。根据普遍存在即为合理的原则，偏离中心的数据样本定义为不合理，靠近中心的数据定义为合理。例如，某台区类中有 n 个数据，就将偏离中心最远的 $n \times 10\%$ 或 $n \times 5\%$ 数据定义为不合理，以此来确定置信区间。

对于线损值的预测问题，采用回归方法。上述聚类过程产生了若干类台区数据，每一类台区可以建立一个回归模型。线损回归分析是通过规定线损率和影响因素来确定变量之间的因果关系，建立回归模型，并根据实测数据来求解模型的各个参数，然后评价回归模型是否能够很好地拟合实测数据。如果能够很好地拟合，则可以根据影响因素做进一步预测。作为线损预测较为合适。每一类的回归模型可以通过代入实测数据计算得

到回归方程。用来预测的台区数据可以代入回归方程，得到其预测线损值。

三、 台区合理线损计算模型的影响因素与理论公式推导

需要预先解决的重要问题包括台区线损影响因素的确定以及线损数据的预处理。影响因素的确定是构建模型的前提，合理的评估和选择影响因素能够保证数据模型的精确度，不合理的影响因素选择会导致模型关联度变差，影响最终的结果。线损数据的预处理主要是通过数据筛选，选出适合建模的台区数据，保证模型的稳定性。

去除因管理因素造成的线路损耗后，低压台区线损主要可分为固定损耗和变动损耗。固定损耗 Δp_1 主要是指用户电能表、采集装置、配电房等的固定损耗，一般不随负荷变化而变化；变动损耗 Δp_2 主要是由线路本身的电阻产生的损耗，与电流的平方成正比，即 $\Delta p_2 = \int_0^t I^2(t)R\mathrm{d}t$，当供电量 $P = \int_0^t I(t)U\mathrm{d}t$，线损率 ρ 为

$$\rho = \frac{\Delta p_1 + \Delta p_2}{p} = \frac{\Delta p_1 + \int_2^t I^2(t)R\mathrm{d}t}{\int_0^t I(t)U\mathrm{d}t}$$

假设电流 $I(t)$ 为常数 I，I 表示平均电流，上式可化为

$$\rho = c_0 I + \frac{\Delta p_1}{p}$$

式中：c_0 为常数，固定损失 Δp_1 较小，可忽略不计。

去除固定损失后的线损率为

$$\rho = c_0 I$$

由此得知，去除固定线损后的线损跟电流成正比，而电流的大小取决于台区用电负荷，通常一个台区的用电负荷与台区内用户数、居民容量占比、户均容量、变压器容量、负载率等相关参数有关。

四、 台区合理线损计算模型的数据来源

为了减少非主要因素的干扰，提高分析台区线损影响因素及其影响系数的精确度，首先对相关数据进行预处理，建立稳定台区的概念。

1. 稳定台区定义

稳定台区指用电信息采集系统内日线损、月线损数据趋于稳定，能真实反映当前实际线损情况的台区。基于营销业务系统的台区档案信息，结合本年度的日线损、月线损数据，按照一定的规则进行筛选。对符合要求的稳定台区，计算其本年度月线损、日线损波动率，标记出日线损有效值。

2. 稳定台区判断依据

(1) 以用电信息采集系统内台区线损计算单元为基数（2014 年 12 月），去除下列台区：

1) 采集未全覆盖，所有在用计量点均已采集。

2) 台区下有特殊用户，如光伏发电用户、无表计量用户等。

3) 当月发生业务变更，如考核单元对象发生变化、户变关系调整、用户业务变更

（换表除外）。

4）月线损率超出－1％～10％范围。

5）月内日线损率超出－1％～10％范围的天数多于 10 天。

（2）以用电信息采集系统内台区线损计算单元中剩余单元为基数，计算每一个台区的日线损波动率 σ：

在当月某日的日线损率 θ_i 中，剔除日用户计算参与率不为 100％ 的天数，剔除日线损率超出－1％～10％范围的天数。以剩余天数 N 内日线损率的均方差作为该台区当月的日线损波动率 σ，即

$$\sigma = \sqrt{\frac{1}{N}\sum_{i=1}^{N}\left(\theta_i - \frac{\sum_{j=i}^{N}\theta_j}{N}\right)^2}$$

式中：N 为该台区当月线损的剩余天数；θ_i 为某天的日线损率。

将剩余天数内台区的日线损波动率根据台区分类做正态分布展示，如图 1-3 所示，求出各类别中台区数在 70％ 时的波动阈值 ϕ，作为此类台区线损率允许波动的范围。

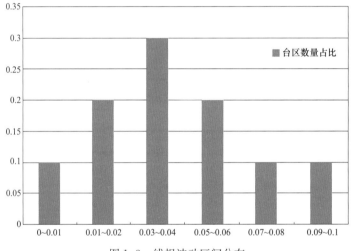

图 1-3　线损波动区间分布

（3）以用电信息采集系统内台区线损计算单元中剩余单元为基数，剔除日线损波动率 σ 大于波动阈值 ϕ 的台区，标记稳定台区：

根据计算出台区的日线损波动率 σ，剔除 $\sigma > \phi$ 的台区。

在剔除后的台区中，剔除日参与率不为 100％、日线损超出－1％～10％范围、日线损率值 θ_i 超出（月线损率 $\pm\phi$）范围的天数，将剩余天数的日线损率 θ_i 标记为有效值。

剩余台区中，将当月日有效线损率天数少于 20 的台区剔除，最终剩余的台区标记为稳定台区。

3. 稳定台区的数据选取

以某省 46 万个低压台区用电信息采集系统内线损数据为基数，其中当月的月线损率即为该台区当月的有效月线损值；被标记为有效的日线损值 θ_i 为当日有效日线损值；日线损波动率 σ 为该台区的线损波动率；台区分类波动阈值 ϕ 为此类台区线损率允许波动的范围。共筛选出稳定台区 160742 个，作为下一步分析研究的主要数据。

第三节　台区合理线损计算模型的建模方法

分别采用了基于统计学建模、基于 PCA—神经网络的建模和基于 K 均值—多元线性回归的建模方法对用电信息采集系统中的特征数据与实测线损数据进行处理，并对三种不同建模方法的效果进行对比，综合其优缺点，最终提出预分类—聚类—回归的数据建模流程。

一、基于统计学的建模方法

统计学是收集、处理、分析、解释数据并从数据中得出结论的科学。由统计学理论可知，如果样本能够代表总体，那么由样本所得出的推论和结论可以反映整体，同时样本越多，越能够反映总体，此外统计学提供了许多方法来估计和修正样本的随机性误差。因此，可以利用统计学技术建立相应的模型，然后利用相应的统计鉴定方法评估模型的合理性。在经济发展的新形势下，电力用户的用电量增加，从用电终端采集到能够反映电力用户的行为大量的用户数据，因此可以利用统计学相关技术来研究台区线损，建立相应的线损模型。由基本的电路理论可知，电流越大，电能损耗越大，而负载率的变化正是反映了用电量的大小，因此选取负载率作为影响线损的因素。由 $Q=i^2R_t$，可见线损和电流的二次项有关，因此基于统计学的方法研究线损时选取二次函数拟合线损与线损率，建立台区线损模型。

1. 统计学基本概念及定义

（1）样本数据：设从所研究的对象 X 中观测得到 n 个观测值 x_1，x_2，$\cdots$，x_n，这 n 个值称为样本数据（简称数据），n 称为样本容量。

（2）均值：数据（x_1，x_2，$\cdots$，x_n）的平均值称为该数据的均值。

（3）p 分位数：数据 X 样本容量为 n，将数据按从小到大的次序排列，排序为 k 的数记为 $x_{(k)}$，即 $x_{(1)}\leqslant x_{(2)}\leqslant$，$\cdots$，$\leqslant x_{(n)}$。

设 $0<p<1$，p 分位数定义为

$$M_p=\begin{cases} x_{(\lceil np\rceil+1)} & np \text{ 不是整数} \\ \dfrac{1}{2}(x_{(np)}+x_{(np+1)}) & np \text{ 为整数} \end{cases}$$

式中：$\lceil np\rceil$ 表示 np 的整数部分。

在实际应用中，0.75 分位数与 0.25 分位数比较重要，分别称为上、下四分位数，记为 Q_3、Q_1。

（4）四分位极差：上、下四分位数 Q_3 与 Q_1 之差称为四分位极差，即 $R_1=Q_3-Q_1$。

（5）上、下截断点：$R_上=Q_3+1.5R_1$，$R_下=Q_1-1.5R_1$，小于 $R_下$ 或大于 $R_上$ 的数据均为异常点。

2. 多元线性回归拟合原理

（1）数学模型及定义。一般称 $\begin{cases} Y=X\beta+\varepsilon \\ E(\varepsilon)=COV(\varepsilon,\varepsilon)=\sigma^2 I_n \end{cases}$ 为高斯—马尔柯夫线性模型（k 元线性回归模型），并简记为 $(Y, X, \beta, \sigma^2 I_n)$，$y=\beta_0+\beta_1 x_1+\cdots+\beta_k x_k$ 称为平

面回归方程。其中

$$Y = \begin{bmatrix} y_1 \\ \cdots \\ \cdots \\ y_n \end{bmatrix}, X = \begin{bmatrix} 1 & x_{11} & x_{12} & \cdots & x_{1k} \\ 1 & x_{12} & x_{22} & \cdots & x_{2k} \\ \cdots & \cdots & \cdots & \cdots & \cdots \\ 1 & x_{n1} & x_{n2} & \cdots & x_{nk} \end{bmatrix}, \beta = \begin{bmatrix} \beta_0 \\ \beta_1 \\ \cdots \\ \beta_n \end{bmatrix}, \varepsilon = \begin{bmatrix} \varepsilon_0 \\ \varepsilon_1 \\ \cdots \\ \varepsilon_n \end{bmatrix}$$

线性模型（Y，X，β，$\sigma^2 I_n$）考虑的主要问题是：

1）用试验值（样本值）对未知参数 β 和 σ^2 做点估计和假设检验，从而建立 y 与 x_1，x_2，$\cdots$，x_k 之间的数量关系。

2）在 $x_1 = x_{01}$，$x_2 = x_{02}$，$\cdots$，$x_k = x_{0k}$ 处对 y 的值作预测与控制，即对 y 做区间估计。

（2）模型参数估计。对 β_1 和 σ^2 作估计，用最小二乘法求 β_0，$\cdots$，β_k 的估计量，做离差平方和

$$Q = \sum_{i=1}^{n} (y_i - \beta_0 - \beta_1 x_{i1} - \cdots - \beta_k x_{ik})^2$$

选择 β_0，$\cdots$，β_k 使 Q 达到最小。

解得估计值 $\hat{\beta} = (X^T X)^{-1} (X^T Y)$，得到 $\hat{\beta_i}$，代入回归平面方程得

$$y = \hat{\beta_0} + \hat{\beta_1} x_1 + \cdots \hat{\beta_k} x_k$$

（3）线性模型和回归系数的检验。一般采用 F 检验法与 R 检验法。

（4）预测。求出回归方程 $\hat{y} = \hat{\beta_0} + \hat{\beta_1} x_1 + \cdots \hat{\beta_k} x_k$，然后根据未来值 x_{01}，x_{02}，$\cdots$，x_{0k}，预测 y。

3. 数据样本预处理

稳定台区的定义不包含用电量特别小或特别大的台区，而此类台区无研究价值，故剔除。通过定义户均日用电量来反映台区用户的用电量情况，其计算式如下

$$d_e = P/N$$

如果 d_e 的下边界阈值取 $R_下 = Q_1 - 1.5 R_1 = -9.0265 \text{kWh}$，$R_下$ 是负值，不符合事实。原因是户均日用电量分布左右不平衡，其中右半部分分布离散程度大，左半部分分布离散程度较小，如图 1-4 所示。取下边界阈值为 0.02 分位数，即 $R_下 = M_{0.02} = 1.6013 \text{kWh}$，上边界阈值为 $R_上 = Q_3 + 1.5 R_1 = 23.9761 \text{kWh}$，结果数据保留台区有 133553 个，剔除台区有 27189 个，剔除率为 16.75%。

基于线损率的数据筛选。根据企业管理标准确定线损率阈值下限和上限分别为 -1% 和 10%。其中，数据保留台区有 134756 个，剔除台区有 25986 个，剔除率为 16.03%。

某省台区共计 46 万个，由于台区特征参数的不同，线损率分布规律有所差异。因此，需要根据台区的特征参数，将台区进行分类，在每一个类别中分别研究台区线损的分布规律，使得模型更为精确。台区一次特征参数包括总用户数 N、居民用户数 N_r、非居民用户数 N_c、居民容量 C_r、非居民容量 C_c、变压器容量 C_t、供电量 P。其中除了供电量 P 外，其余参数都为静态参数。为了精确研究台区线损的合理范围，依据这些静态参数将台区分类，最后再分析线损率与动态参数负载率之间的关系。具体进行四步分类，分类依据及步骤如下：

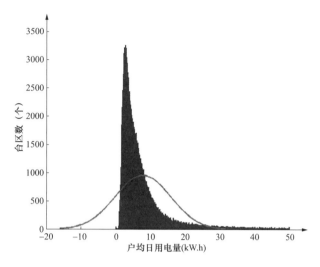

图 1-4　户均日用电量规律分布图

（1）根据地域差异将台区分为城区和农村两大类。城乡经济发展二元结构的存在，城乡居民用电习惯的不同，都会导致统计线损大小的不同。同时城乡台区的供电半径不同、配网技术的差别、线路规划改建的不同也是影响线损的重要因素。因此首先将合理性数据按地域的不同分为城网与农网两大类。

（2）根据居民容量占比将台区分为居民型、混合型、非居民型台区。台区用户依据用电性质分为居民用户和非居民用户两类，两类用户的用电特点有很大差异，对台区线损的影响也不同。居民容量占比 R_{cr} 是指居民容量在居民和非居民总容量中占比，代表居民用户对台区线损主导作用的大小。R_{cr} 越大，说明台区特性越趋向于居民用户的特性。

（3）根据居民户均容量的大小将台区分为低档型、中档型、高档型台区。在居民型台区中，居民户均容量 d_c 反应台区用户的用电水平，考虑到不同用电水平的台区线损值可能会有差异，依据居民户均容量 d_c 的大小将台区分为低、中、高三档。图 1-5 是居民型台区城网和农网的居民户均容量分布规律图，从图中可看出城网、农网台区居民户均容量主要集中分布在 4、8、12kVA 附近。因此定义 $2 \leqslant d_c \leqslant 6$kVA 为低档型台区，$6 \leqslant d_c \leqslant 10$kVA 为中档型台区，$10 \leqslant d_c \leqslant 14$kVA 为高档型台区。

（4）根据台区内总户数将台区分为小规模台区、中规模台区和大规模台区。台区总户数是影响台区线损的重要因素，而为了研究线损率与动态参数负载率之间的关系，需要消除或者是尽可能地减小用户数对线损率的影响，考虑将台区依据用户数的分布情况划分为几个类别，在每个类别中认为用户数对线损率的影响可以忽略。图 1-6 为样本的台区用户数分布情况，用户数在 0～40 有个凸起，另在户数为 160 有个微型的上升下降趋势，因此定义 $0 < N \leqslant 40$ 为小规模台区，$40 < N \leqslant 160$ 为中规模台区，$160 < N \leqslant 300$ 为大规模台区。

通过以上分类步骤可以将 12 月稳定台区分出 18 类。其中，城区高档低户型、城区高档高户型、农村高档高户型由于台区数太少，不作讨论。

4. 台区线损与负载率关系拟合

通过对每一类台区采用划分区间寻找类中心和二次多项式拟合的方法，研究每一

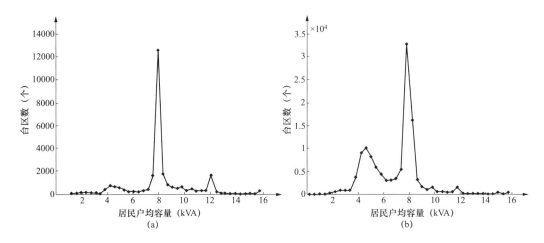

图 1-5   台区数—户均容量分布图

（a）城区台区；（b）农村台区

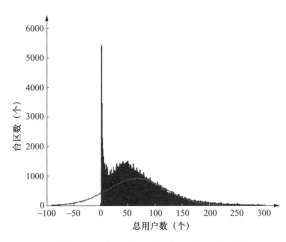

图 1-6   台区数-总用户数分布规律图

类台区中线损率 D_p 与负载率 R_l 之间的关系。首先，将台区负载率所在范围从最小值到最大值划分成若干个小区间（类）。由于每一类的样本数足够多，所以可取该类的类中心来代表该类样本台区线损率与台区用户数的对应关系。若认为类中心附近 90% 的台区线损是合理的，则每一类可以找到一个上界点和一个下界点。通过该步骤，大量的样本数据被浓缩成少量的类中心点、上界点、下界点。然后，利用 MATLAB 中 polyfit 函数进行曲线拟合，分别将这些类中心点、上界点、下界点拟合成三条曲线，根据这三根曲线可以观察出线损的合理区间，以及 D_p 随 R_l 的大致变化关系。

以 2014 年 12 月城区低档居民型稳定台区为例，对居民型台区进行分析。负载率划分为七个类后，每个类中有一个负载率中心、一个线损率中心、一个上界、一个下界（见表 1-1）。通过拟合，类中心、上下界表达式如图 1-7 所示。

表 1-1　　　　　　　　　　城区低档居民型台区划分类区间信息

编号	1	2	3	4	5	6	7
负载率中心	0.019981	0.042654	0.066229	0.090682	0.115759	0.141962	0.175934
线损率中心	0.717309	0.641503	0.822671	0.940594	0.953915	1.08556	1.037218
上界	1.956741	1.756875	1.872971	2.101977	2.110354	2.231029	2.377464
下界	−0.52212	−0.47387	−0.22763	−0.22079	−0.20252	−0.05991	−0.30303

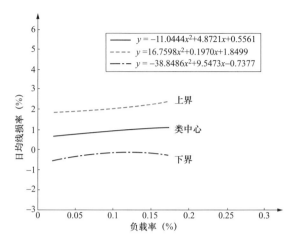

图 1-7　城区低档居民型台区线损率—负载率关系图

上下界之间包含了样本台区中离类中心较近的 90% 的台区，上下界之间的线损率可以认为是合理的。

采用相同的方法，可对其他类型的台区作分析，各类型台区划分区间信息，见表1-2～表1-6，拟合曲线、拟合公式如图1-8～图1-12所示。

表 1-2　　　　　　　　　　城区中档居民型台区划分类区间信息

编号	1	2	3	4	5	6	7	8	9
负载率中心	0.026581	0.0471	0.07074	0.095	0.120434	0.145325	0.170416	0.194515	0.235432
线损率中心	0.792679	0.92201	1.058878	1.208521	1.418048	1.578762	1.736845	1.840502	1.850616
上界	2.153797	2.187801	2.429652	2.57977	2.993015	3.27672	3.641733	3.780088	3.85517
下界	−0.56844	−0.34378	−0.3119	−0.16273	−0.15692	−0.1192	−0.16804	−0.09908	−0.15394

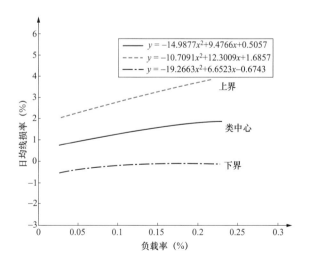

图 1-8　城区中档居民型台区线损率—负载率关系图

表 1-3　　　　　　　　　　城区高档居民型台区划分类区间信息

编号	1	2	3	4	5	6	7	8	9
负载率中心	0.037059	0.057488	0.080706	0.106401	0.131106	0.156254	0.178919	0.20519	0.239517
线损率中心	1.011666	1.140653	1.329225	1.422664	1.685872	1.688396	2.000673	2.154684	2.051987
上界	2.406631	2.659022	3.013156	3.146341	3.599846	3.622912	3.891292	4.039217	3.893694
下界	−0.3833	−0.37772	−0.35471	−0.30101	−0.2281	−0.24612	0.110054	0.270152	0.210281

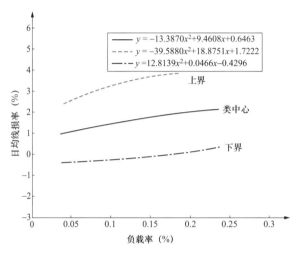

图 1-9　城区高档居民型台区线损率—负载率关系图

表 1-4　　　　　　　　　　农网低档居民型台区划分类区间信息

编号	1	2	3	4	5	6	7	8
负载率中心	0.01757	0.038002	0.062297	0.087594	0.11205	0.137023	0.162709	0.197917
线损率中心	0.692209	0.729519	0.827518	0.922425	1.007808	1.009711	1.14931	1.094485
上界	2.321945	2.371927	2.480031	2.609884	2.71963	2.62389	2.980037	2.513895
下界	−0.93753	−0.91289	−0.825	−0.76503	−0.70401	−0.60447	−0.68142	−0.32492

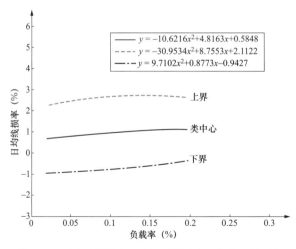

图 1-10　农网低档居民型台区线损率—负载率关系图

表 1-5 农网中档居民型台区划分类区间信息

编号	1	2	3	4	5	6
负载率中心	0.023525	0.044375	0.068331	0.093162	0.118487	0.142926
线损率中心	0.412962	0.573514	0.720572	0.880636	0.987949	1.129026
上界	1.819426	2.085157	2.346672	2.590366	2.77553	3.024918
下界	−0.9935	−0.93813	−0.90553	−0.8291	−0.79963	−0.76687
编号	7	8	9	10	11	12
负载率中心	0.168656	0.193197	0.21817	0.241826	0.269195	0.299984
线损率中心	1.208111	1.65612	1.930893	1.965269	1.689823	1.905233
上界	3.083538	3.683445	3.876287	3.628731	3.693718	4.437436
下界	−0.66732	−0.37121	−0.0145	0.301807	−0.31407	−0.62697

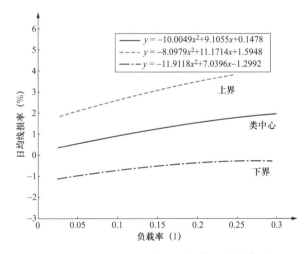

图 1-11 农网中档居民型台区线损率—负载率关系图

表 1-6 农网高档居民型台区划分类区间信息

编号	1	2	3	4	5
负载率中心	0.028093	0.049075	0.074322	0.098201	0.124357
线损率中心	0.377549	0.8202	0.951032	1.050974	1.348502
上界	1.658689	2.298158	2.488157	2.828753	3.181142
下界	−0.90359	−0.65776	−0.58609	−0.7268	−0.48414
编号	6	7	8	9	10
负载率中心	0.148153	0.173759	0.197604	0.222733	0.265396
线损率中心	1.39592	1.743005	1.714394	2.362746	2.312086
上界	3.117197	3.719829	3.857542	4.102192	3.88786
下界	−0.32536	−0.23382	−0.42875	0.6233	0.736312

5. 结论

采用统计学的方法对台区线损的研究，主要经过样本预处理、人工分类、拟合回归等过程，最后得到线损率与动态参数负载率之间的关系，包括形成相对于类中心的上下线损率界限，通过对上下界的适当调整可以规定台区线损的合理范围。

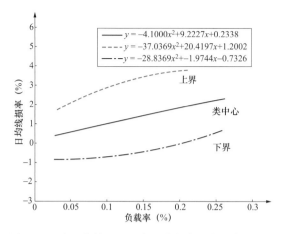

图 1-12 农网高档居民型台区线损率—负载率关系图

此方法构建的模型在使用时，首先根据被检测台区的静态参数，将其归入到相应的台区类型中，利用该类型台区的模型，结合被检测台区的负载率，找到该台区合理线损的上下界限即可判断该台区的线损是否合理。

该方法由于根据台区的地域、户均容量等进行分类，每一类台区的物理特性明确，且由于采用硬分类方法，更适合实际应用，但需要指出的是：从现有数据分析结果来看，对于居民型台区具有较好的判断效果，而非居民台区与混合台区用电具有较大的复杂性和多样性，判断效果不明显，因此本方法只适用于分析居民型台区。

二、 基于主元分析与神经网络算法（PCA－ANN）的方法

1. 算法的基本原理与流程

为实现对海量台区线损数据的快速精确化处理，以建立台区线损预测模型，这里介绍一种基于主元分析（Princple Components Analysis，PCA）与神经网络（Artific Neural Network，ANN）的快速建模新方法。其核心思想在于：用统计合理线损代替理论计算线损值，并认为特征相似的台区应该具有较为类似的合理线损值。具体步骤为：

（1）利用聚类方法将海量数据按台区特征分为若干类。

（2）对每一类特征台区建立相应的预测模型。

（3）最后利用预测模型得到合理线损预测值，并对其进行分析处理。

针对台区线损特征量数据庞大的特点，提出了主元-神经网络（PCA－ANN）算法，利用 PCA 算法排除干扰因素，提取综合指标，降低数据维数；利用 ANN 对主成分数据进行训练，达到兼顾数据处理效率与精度的双重要求。该方法简单实用，处理速度较快，在处理海量台区线损数据中取得了较好的效果。通过预测结果与实际线损的比较可以快速定位异常台区，也可以为台区线损管理提供较为可靠的科学依据。

（1）算法流程。PCA－ANN 算法融合了主元分析与神经网络的核心思想，PCA 将高维信息投影到低维子空间，并保留主要过程信息，在数据压缩和特征提取方面具有较高的优越性。再利用神经网络建立预测模型，反映输入主元与输出变量间的非线性关系，主要算法流程如图 1-13 所示。

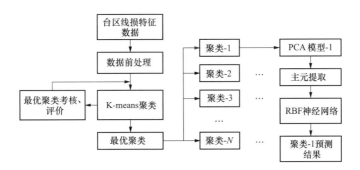

图 1-13 基于 PCA-ANN 的台区线损预测快速建模流程

（2）主元分析（PCA）。PCA 算法实现的基本流程如下：

1）数据矩阵 $X_{m \times n}$ 的标准化处理，得到 $Z_{m \times n}$。

2）计算 $Z_{m \times n}$ 的协方差矩阵 $COV(Z)$。

3）计算 $COV(Z)$ 的特征值 λ_i 和特征向量 p_i。

4）特征值按降序排序，得 $\lambda'_1 > \lambda'_2 > \cdots > \lambda'_n$，同时对特征向量进行相应调整得 p'_1，p'_2，$\cdots$，p'_n。

5）通过施密特正交化方法单位正交化特征向量 p'_i，得到 p''_1，p''_2，$\cdots$，p''_n。

6）计算特征值的累积贡献率 L_1，L_2，$\cdots$，L_n，根据设定的阈值 ε，若 $L_k \geqslant \varepsilon$，则提取 k 个主元。

7）计算 k 个主元 t_1，t_2，$\cdots$，t_k。

（3）径向基函数神经网络。径向基函数（Radial Basis function，RBF）神经网络是将径向基函数用于神经网络设计，相比其他类型神经网络，具有无局部最小点、收敛速度快等优点。同时，RBF 神经网络还具有很强的鲁棒性、记忆能力、非线性映射能力以及强大的自学习能力，因此在工程中得到了广泛的应用。RBF 神经网络具有三层前向网络结构（输入层、隐含层与输出层），其结构如图 1-14 所示。

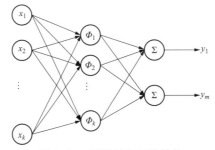

图 1-14 RBF 神经网络结构

RBF 神经网络的输入是 k 个向量 x_1，x_2，$\cdots$，x_k，从输入层到隐含层的非线性变换采用径向基函数。

2. 数据实例分析

为验证所述算法流程的有效性，以某省农网台区数据作为分析建模对象，通过 K 均值聚类将各台区按照特征属性分为若干台区；再利用 PCA 算法提取主元，排除与线损率关联性较小的干扰因素；最后利用神经网络对主元对象进行训练，得到各台区的线损率预测值。进行数据前处理（排除非稳定台区）后的原始台区数据共 129901

个，其特征包含总用户数、居民与非居民户数、居民与非居民容量、月供电量、变压器容量、居民的容量占比与居民户均容量共 9 个特征。设定聚类数范围（2～15），对其进行 K 均值聚类后，通过对其轮廓值的比较得到其最优聚类效果为 9 类，其聚类结果见表 1-7。

表 1-7　最优聚类下各聚类中心

特征量	聚类—1	聚类—2	聚类—3	聚类—4	聚类—5	聚类—6	聚类—7	聚类—8	聚类—9
变压器容量	204.66	215.14	652.46	301.19	254.82	243.19	382.09	322.05	848.61
非居民户数	0.75	0.78	1.73	1.56	5.27	4.47	6.58	8.93	5.56
非居民容量	18.88	19.94	73.73	39.28	214.57	130.13	272.34	303.74	330.64
居民户均容量	4.98	7.96	7.96	10.46	1.42	5.35	8.03	10.08	10.89
居民户数	69.43	59.37	158.08	40.95	2.22	45.26	45.48	7.48	116.97
居民容量	343.09	472.49	1252.9	413.14	12.48	234.79	365.31	75.33	1249.0
居民容量占比	96	96	95	91	4	64	58	21	80
总用户数	70.18	60.14	159.8	42.51	7.49	49.73	52.05	16.41	122.53
月供电量	10813	9258.3	84665	14400	17446	19013	22880	23565	28853

通过聚类中心可以看出，前四类居民容量占比较高（大于 90%），可认为是居民类；聚类—5 中居民容量占比较低，为非居民类；剩余为居民与非居民共有的混合类。同时，对于前四类与后四类，其居民户均容量也存在差异，实际对应 4kW、8kW 与 12kW 等级。2 类与 3 类，以及 8 类与 9 类在上述两个指标上较为近似，但在变压器容量指标上差异明显。由此可见，聚类结果较为明显，具有一定现实参考意义。

以聚类—1 为例，说明 PCA－ANN 的建模过程。聚类—1 为典型居民类，居民户均容量 4kW 等级，变压器容量 200kVA 等级，原始数据共 6334 个。先对数据进行零—均值（z-score）标准化处理，再利用 PCA 算法搭建模型。结果表明，在提取五个主成分的时，总方差累计贡献率达到 96.197%，故选择五个主成分，主成分因子见表 1-8。

表 1-8　主元分析中因子系数

特征量	因子—1	因子—2	因子—3	因子—4	因子—5
变压器容量	0.1752	0.08797	0.3556	-0.4689	-1.085
非居民户数	0.08616	-0.3268	0.05509	0.3228	0.01596
非居民容量	0.09321	-0.3305	0.07934	0.2449	-0.0302
居民户均容量	-0.05765	0.06904	0.8537	0.4321	0.3012
居民户数	0.2448	0.09361	-0.1397	0.2597	0.08457
居民容量	0.2409	0.1071	0.03449	0.3345	0.09087
居民容量占比	-0.007223	0.3329	-0.03283	0.1218	0.3589
总用户数	0.2491	0.06624	-0.1337	0.2829	0.08493
供电量	0.1752	-0.08715	0.1923	-0.8977	0.8432
常数项	5.131×10^{-5}	-0.001307	1.804×10^{-5}	4.515×10^{-4}	-1.374×10^{-3}

经过主元分析后，将提取的 5 个主成分作为神经网络的输入，训练 RBF 神经网络模型，隐藏层数设定为 200 层，训练时间 9s。训练样本实际值与预测值的散点图以及预测误差分布如图 1-15 所示。

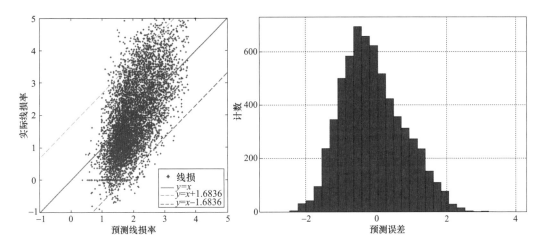

图 1-15　实际值与预测值的散点图以及预测误差分布

图 1-15 中虚线中间的区域表示置信区间为 95% 的预测点。从图 1-15 中可以看出，误差分布基本符合正态分布，具有良好的统计特性，置信区间误差限较小，训练预测值可以作为理论线损的重要参考。

同理，利用 PCA-ANN 算法对剩余 8 组数据（聚类—2～聚类—9）（见表 1-9）分别进行处理。所得实际值与预测值的散点图以及预测误差分布如图 1-16 所示。

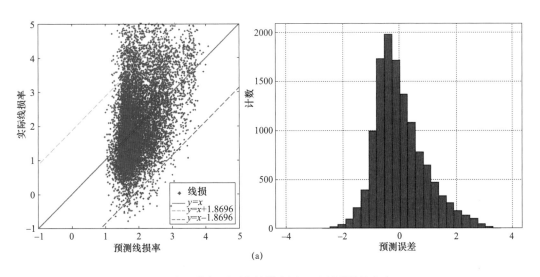

(a)

图 1-16　实际值与预测值的散点图以及预测误差分布（一）
(a) 聚类—2

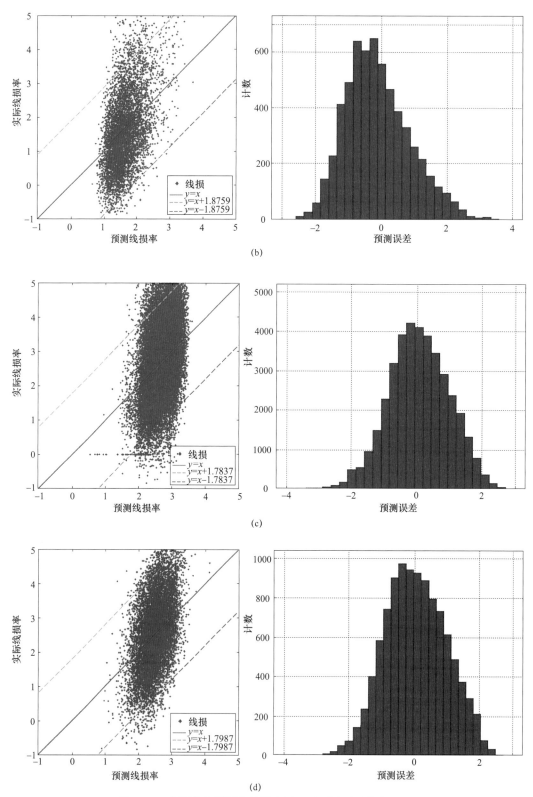

图 1-16　实际值与预测值的散点图以及预测误差分布（二）

（b）聚类—3；（c）聚类—4；（d）聚类—5

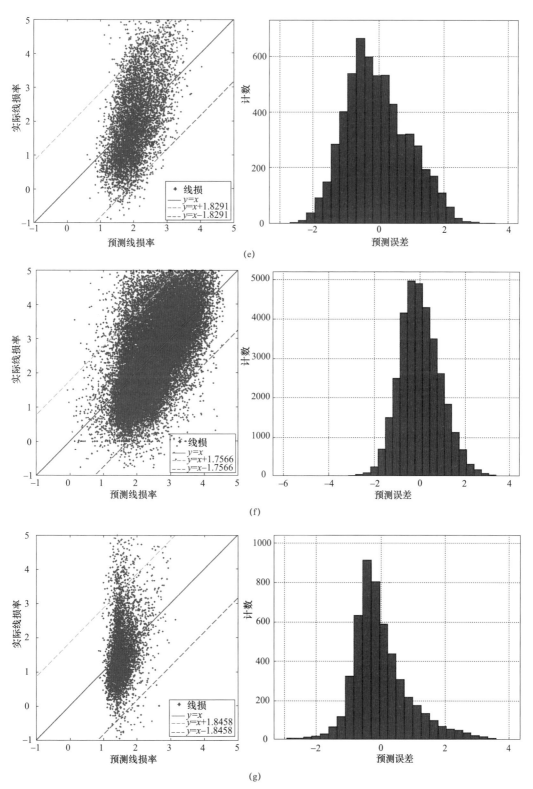

图 1-16 实际值与预测值的散点图以及预测误差分布（三）

（e）聚类—6；（f）聚类—7；（g）聚类—8

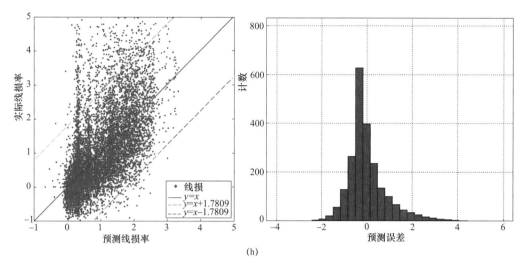

(h)

图 1-16　实际值与预测值的散点图以及预测误差分布（四）

(h) 聚类—9

表 1-9　　　　　　　　　　95％置信区间对应的残差

特征量	原始有效数据总数	95％置信区间对应的残差 ε
聚类—1	6334	1.6836
聚类—2	12693	1.8696
聚类—3	5981	1.8759
聚类—4	38780	1.7837
聚类—5	10553	1.7987
聚类—6	5785	1.8291
聚类—7	33733	1.7566
聚类—8	5120	1.8458
聚类—9	10922	1.7809

可以看出，将台区按照特征分为 9 类，分别建立 PCA-ANN 模型进行线损率的预测，误差分布合理，残差值较小，取得了较好的预测效果。

3. 结论

基于 PCA-ANN 的台区线损预测模型，可以实现对海量台区数据的快速处理。其结果真实可靠，为海量数据下台区理论线损计算提供了新思路。但是，从工程实际应用的角度来看，PCA-ANN 方法尽管具有更高的精度，但也存在着难以克服的缺陷。主要表现在：

（1）归根结底，PCA-ANN 是一种隐性的数据曲线拟合手段，并不能提供实际直观的回归方程。在用于合理线损计算时，需要将台区特征数据输入所训练的神经元模型，计算得到最终的预测值，相较线性回归来说效率较低。特别是随着训练数据集的不断累积与扩大，其计算效率差距还会进一步加大。

（2）为提升神经元模型的训练效率，通过 PCA 方法进行主元提取，舍弃了部分主元以换取计算速度的提高，有可能会对模型精度产生不利影响。

（3）通过神经元计算的方式给出最终的结论，对于预测误差不能够提供较为完整的解决方案。神经网络中除了最终的结果，其他的数据都包含在隐含层中，对于使用者来说，只能够看到最终的结果，若计算结果有所偏差，无法确定计算误差出现在何处，这也给误差分析带来了困难。

三、 基于 K 均值 （K-means） 聚类分析的方法

1. K-means 算法基本流程

根据特征类似的台区线损率较为接近的原则，该算法实际包含 K-means 聚类与线性回归两个部分。通过 K-means 聚类按照与台区线损率相关的基本特征属性分为 K 类，然后将每一类数据分别建立各自的线性回归模型，通过回归模型代入对应台区特征数据，得到预测的台区线损率，定义为合理线损率。合理线损与实际线损之差即为预测误差。该算法的基本流程如图 1-17 所示。

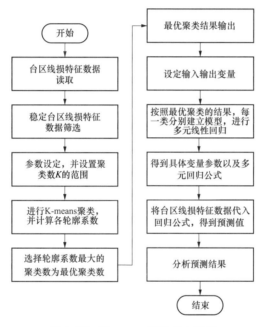

图 1-17　K-means 算法基本流程

2. K-means 算法的具体步骤

（1）K-means 模型建立：将原始数据输入到 K-means 聚类模型中，设定聚类数 K 为 2～15。设定相应的输入输出变量。

（2）最优聚类结果的选择：计算得到聚类数为 2～15 的各聚类结果，通过比较轮廓系数确定最优聚类数，得到最优化的聚类结果。

（3）聚类结果的进一步优化：分析聚类结果，由于 K-means 聚类对噪声点和孤立点敏感，可能出现聚类结果中有的类的数据相对其他类的数据特别少的情况，可以剔除此类数据以重新聚类，提高聚类质量。

（4）回归模型建立：将生成的 K 类数据按照类别分别输入回归模型，设定回归的输入输出变量以及异常值容差，建立 K 个回归模型。

（5）回归方程生成及预测质量分析：通过 K 个回归模型得出 K 个回归方程；观察预测变量重要性，可将重要性很低的输入过滤以进行重新建模；分析生产模型的显著性结果，即 Sig. 指标，小于 0.05 的回归模型具有统计学意义；通过回归模型对输入数据进行预测验证，检验预测效果，并分析是否出现奇异点，误差是否服从正态分布。

3. 多元线性回归算法

多元线性回归是多元统计分析中的一个重要方法，被广泛应用于社会、经济、技术以及众多自然科学领域的研究中，其数学模型为

$$\begin{cases} Y = X\beta + \varepsilon \\ E(\varepsilon) = \mathrm{COV}(\varepsilon, \varepsilon) = \sigma^2 I_n \end{cases}$$

并简记为 $(Y, X, \beta, \sigma^2, I_n)$

其中：

$$Y = \begin{bmatrix} y_1 \\ y_2 \\ \cdots \\ y_n \end{bmatrix}, x = \begin{bmatrix} 1 & X_{11} & x_{12} & \cdots & \cdots & X_{1k} \\ 1 & X_{21} & x_{22} & \cdots & \cdots & X_{2k} \\ \cdots & \cdots & \cdots & \cdots & \cdots & \cdots \\ 1 & X_{n1} & X_{n2} & \cdots & \cdots & X_{nk} \end{bmatrix}, \beta = \begin{bmatrix} \beta_0 \\ \beta_1 \\ \cdots \\ \beta_k \end{bmatrix}, \varepsilon = \begin{bmatrix} \varepsilon_1 \\ \varepsilon_2 \\ \cdots \\ \varepsilon_n \end{bmatrix}$$

$y = \beta_k X_k + \cdots + \beta_1 X_1 + \beta_0$ 称为平面回归方程。对 β_i 和 σ_2 做估计，用最小二乘法求 β_0，$\beta_1 \cdots \beta_k$ 的估计量：做离差平方和 $Q = \sum_{i=1}^{n} (y - \beta_0 - \beta_1 X_{i1} - \cdots - \beta_k X_{ik})^2$，选择使 Q 最小的 β_0，β_1，$\cdots$，β_k 代入到回归平面方程。

4. 轮廓系数计算以及最优聚类数的确定

轮廓系数主要用于评估聚类的效果。该值处于 $[-1, 1]$，值越大，表示聚类效果越好。具体计算方法如下：

（1）对于第 i 个元素 x_i，计算 x_i 与其同一个类别 A 内的所有其他元素距离的平均值，记作 a_i，用于量化类别内的凝聚度。

（2）选取 x_i 外的一个类别 B，计算 x_i 与 B 中所有点的平均距离，遍历所有其他类别，找到最近的这个平均距离，记作 b_i，用于量化类别之间分离度。

（3）对于元素 x_i，轮廓系数 $s_i = (b_i - a_i)/\max(a_i, b_i)$。

（4）计算 A 中所有元素 x 的轮廓系数，求出平均值即为当前聚类的整体轮廓系数。

若 $s_i < 0$，说明 x_i 与其类别内元素的平均距离大于最近的其他类别，表示聚类效果不好。如果 a_i 趋于 0，或者 b_i 足够大，那么 s_i 趋近于 1，说明聚类效果比较好。

5. 置信合理区间的确定

在回归分析中，测定值与按回归方程预测的值之差，以 δ 表示。残差 δ 遵从正态分布 $N(0, \sigma_2)$。$(\delta -$ 残差的均值 $)/$ 残差的标准差，称为标准化残差，以 δ^* 表示。δ^* 遵从标准正态分布 $N(0, 1)$。若将置信区间设定为 95%，则测试点的标准化残差落在 $(-2, 2)$ 区间以外的概率不大于 0.05。若某一实验点的标准化残差落在 $(-2, 2)$ 区间以外，可在 95% 置信度将其判为异常实验点。

需要指出的是，该算法不是按统计学中置信区间的数学定义编写的，而是从客户需求角度编写的，要求找出 10% 的不合理台区，该算法就是计算出包含 90% 台区的合理区间半径。即设定置信度为 90%，将 90% 之外的测试点判断为不合理数据点，为方便程序编写与实现，暂时并未进行标准化残差的计算。

6. 测试数据预测算法

本算法利用线性回归模型对高淳、金坛两地的采样数据分别进行了回归预测，采用欧氏距离来判别测试样本的类别属性，即计算测试样本与若干个聚类中心的距离，取最短距离的类别作为测试样本的类别属性，即采用该类别的回归方程。

7. 结论

基于大数据挖掘技术，通过对用户数据的聚类分析、回归建模，给出了基于大数据挖掘技术线损线性回归模型。该方法具有数据获取便捷、计算速度快的特点，能够适应线损精细化管理的需求。且该方法对实际线损和预测线损残差的给定，是判断合理线损的重要判别条件，该差值的具体数值需要根据各地实际的配网运行方式和条件，用电量的实际水平来划定，结合回归模型进行进一步的优化。但是单一的 K-means 也存在两个缺点：

（1）从大数据应用的角度看，数据样本越多，计算可信度也越高。但同时计算效率也会下降，单个模型中收到的数据干扰也会加大。因此，细化的模型更符合要求，而 K-means 并不能人为增加类别数，通过预分类方法先分类再聚类可以有效细化分类结果，提升效率，排除干扰。

（2）K-means 方法在进行聚类时综合考虑了各种影响因素以确定最优聚类结果，但是在实际应用中，各种影响因素的影响程度是不同的，K-means 无法按照各种因素的影响程度进行聚类。

四、 基于预分类—聚类—回归结构的台区合理线损计算模型算法流程

预分类—聚类—回归结构的台区合理线损计算方法，具有以上三种方法的优势。可以先确定关键指标，细化数据集后再进行聚类，所得的分类结果更为科学合理。

预分类—聚类—回归结构的台区合理线损算法流程首先对稳定台区数据进行预分类，分为若干大类；其次将大类数据用 K-means 算法进行聚类，得到若干小类，计算得到置信区间；再次将每一小类数据建立各自的回归模型，代入实测数据计算回归方程；最后对测试数据进行归类，计算得到具体的预测线损值。该方法兼顾了计算效率与精确度的双重标准，应用于实际较为合适。

如上所述，预分类的方法非常重要。以下将稳定台区按照地域、用户性质、户均容量和负载率进行划分。

1. 按地域划分

从用户角度分析，由于城乡经济发展二元结构的存在，城乡居民用电习惯及用电设备都存在较大差异，表现在：

（1）农村的空调使用率低于城区的空调使用率。

（2）从电网建设及结构角度来看，城乡台区的供电半径不同、配网技术的差别、线路规划改建的不同也是影响线损的重要因素。

（3）从管理角度分析，城区供电单位人员的业务综合素质、工作要求及管理规范度更优。

综合以上三个方面，按地域的不同将低压台区划分为城区与农网两大类，如图

1-18 所示。

将低压台区划分为农网与城区的标准取决于供电单位的名称及业务上的逻辑关系。例如供电单位名称包含"供电公司"或"营业部"的台区划分为城区台区，供电单位名称包含"供电所"的划分为农网台区。

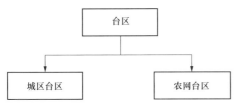

图1-18　按地域分类

2. 按用户性质划分

对于同一区域内的台区，从用户的角度分析，主要分为居民型用户与非居民型用户。低压台区覆盖居民、非居民、小商业、小动力等各类型用户，不同的用户用电性质差异较大，因此根据台区内居民容量的占比将台区划分为居民型台区、混合型以及非居民型台区，如图1-19所示。

图1-19　按用户性质分类

引入居民容量占比 P_r 作为衡量台区中居民型用户影响的指标。P_r 的区间范围为 $[0，1]$，P_r 越大，台区中的居民型用户的影响权重越大。当 $P_r=1$，台区为纯居民型台区，$P_r=0$ 台区为纯非居民型台区。

以2014年12月的稳定台区数据为基础，统计台区居民容量占比的分布情况，如图1-20所示。根据统计学的方法，确定依据用户性质划分台区的标准：

居民型台区：$0.9 \leqslant P_r \leqslant 1$；

混合型台区：$0.1 < P_r < 0.9$；

非居民型台区：$0 \leqslant P_r \leqslant 0.1$。

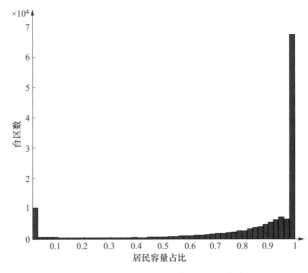

图1-20　台区数—居民容量占比分布图

3. 户均容量划分

在居民型台区中，根据用户的装表容量对用户的用电能力、所在区域的用电情况进行预估。例如：年代较久远的小区普遍户均容量较小，且线路老化，用户的用电能力也相对较低；相对新建的小区或高档公寓，装表容量偏高，线路状态良好，用户的用电能力也相对较高。因此根据台区用户的户均容量将居民型台区划分为高档型台区、中档型台区、低档型台区，如图1-21所示。

图1-21 按户均容量划分

引入居民户均容量 A_c 作为衡量用户用电能力的指标。A_c 越大，用户的用电能力越大。表达式为

$$A_c = \frac{C_r}{N_r}$$

式中：A_c 为居民户均容量，kVA；C_r 为居民容量，kVA；N_r 为户数。

以2014年12月稳定台区为例，各台区的居民户均容量如图1-22所示，结合电力营销的相关业务知识，划分标准如下：

低档型台区：$2 \leqslant A_c < 6$kVA；

中档型台区：$6 \leqslant A_c < 10$kVA；

高档型台区：$10 \leqslant A_c < 14$kVA。

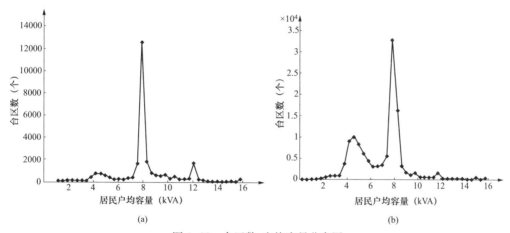

图1-22 台区数-户均容量分布图
(a) 城区台区；(b) 农网台区

4. 负载率划分

混合型台区中覆盖的用户的类型较多，户均容量、用户数等分布范围较广，没有明显的特征量可作为划分的标准，因此从线损产生的原理出发，采取负载率作为划分的标准，分为低负荷型、中负荷型和高负荷型台区，如图1-23所示。

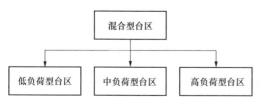

图1-23 按负载率划分

负载率 R_l 的计算方式为

$$R_l = \frac{P}{C_t \times 24 \times 30}$$

式中：P 为供电量，kWh；C_t 为变压器容量，kVA。

以 2014 年 12 月稳定台区数据为例，各混合型台区的负载率分布如图 1-24 所示，划分标准如下：

低负荷型台区：负载率分布最低的 20％的台区；

高负荷型台区：负载率分布最高的 20％的台区；

中负荷型台区：介于高负荷型与低负荷型之间的其余 60％的台区。

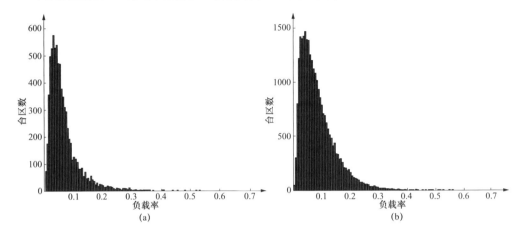

图 1-24　台区数—负载率分布图
(a) 城区混合型台区；(b) 农网混合型台区

综合分析，可将台区分为以下 14 种类型：城区低档居民型、城区中档居民型、城区高档居民型、城区非居民台区、城区低负荷混合型、城区中负荷混合型、城区高负荷混合型、农网低档居民型、农网中档居民型、农网高档居民型、农网非居民台区、农网低负荷混合型、农网中负荷混合型、农网高负荷混合型。

聚类方法同 K-means 聚类分析方法。

第四节　实际线损数据验证

一、　月数据建模验证

以某省 2014 年 12 月线损数据为例，建立数学模型，采用先分类后聚类的方法，线损数据采用月均值。

城区共 30843 个台区，其中居民类台区共 18638 个，居民类台区中删除了居民户均容量小于 2 的台区（共 215 个），居民户均容量高于 14 的台区（共 203 个）；混合类台区共 9473 个，非居民类台区共 2732 个，实际使用城网台区总数为 30425 个。

农网共 130089 个台区，其中居民类台区共 75159 个，居民类台区中删除了居民户均容量小于 2 的台区（共 168 个），居民户均容量高于 14 的台区（共 389 个）；混合类台区共 44144 个，非居民类台区共 10786 个，实际采用农网台区共 129532 个，见表 1-10。

表 1-10　　　　　　　　　　　　台区月数据预分类结果

类别	台区数	类别	台区数
城网居民低档	65122	农居民低档	750151
城网居民中档	406477	农居民中档	1243147
城网居民高档	44864	农居民高档	41525
城网非居民	79784	农非居民	352602
城网混合低负荷	53055	农混合低负荷	237484
城网混合中负荷	159167	农混合中负荷	712454
城网混合高负荷	53056	农混合高负荷	237485

以城区低档居民型为例，进行建模分析如下：

1. 数据聚类

（1）输入量：包括总用户数、居民户数、非居民户数、居民容量、非居民容量、变压器容量、居民容量占比、居民户均容量、供电量。

（2）输出量：包括线损率。

2. 轮廓系数

聚类数 2～15 时 K-means 聚类轮廓系数见表 1-11。

表 1-11　　　　　　　　　　　　K-means 聚类轮廓系数

聚类数	2	3	4	5	6	7	8
聚类轮廓系数	0.342	0.255	0.282	0.339	0.307	0.296	0.279
聚类数	9	10	11	12	13	14	15
聚类轮廓系数	0.265	0.27	0.243	0.244	0.23	0.235	0.229

由表 1-11 可知，聚类数为 2 时，聚类质量最好。

3. 最优聚类质量结果分析

（1）模型概要、聚类大小和聚类质量如图 1-25 所示。

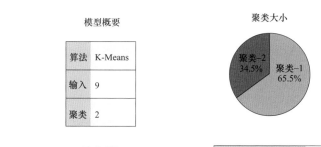

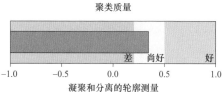

图 1-25　聚类结果

由图 1-25 可知，聚类数为 2 时，各类所占比重合理，因而聚类—2 合理。

（2）聚类字段中心。

表 1-12　　　　　　　　　　　　　　**K-means 聚类中心**

字段	变压器容量	非居民户数	非居民容量	供电量	居民户均容量	居民户数	居民容量	居民容量占比	总用户数
聚类—1	271.10	0.10	2.70	524.54	4.10	72.89	297.36	0.99	72.99
聚类—2	504.96	0.60	17.72	1471.4	4.15	208.09	845.61	0.99	208.69

由表 1-12 可知，聚类—1 和聚类—2 在变压器容量、供电量、居民户数、居民容量、总用户数等方面差异显著，因而两类区分显著，故分为 2 类合理。

4. 回归模型

（1）回归表达式如下：

聚类—1：线损率＝用户总数×0.01105＋非居民户数×0.3583＋居民户容量×（−0.002268）＋非居民容量×0.02129＋变压器容量×（−0.0002771）＋供电量×0.000439＋居民容量占比×12.14＋居民户均容量×0.265＋（−11.55）

聚类—2：线损率＝用户总数×0.01263＋非居民户数×0.1544＋居民户容量×（−0.002693）＋非居民容量×（−0.0104）＋变压器容量×（−0.001641）＋供电量×0.0006176＋居民容量占比×（−7.824）＋居民户均容量×0.5261＋7.67

（2）生成模型显著性检验，结果见表 1-13。

表 1-13　　　　　　　　　　　　　　**模型显著性检验**

聚类类别	聚类—1	聚类—2
Sig.	0.000	0.000

由表 1-13 可知，两类 Sig. 均小于 0.05，因而各类的输入自变量和输出因变量之间存在线性关系。

（3）预测因子重要性及误差，结果见表 1-14。

表 1-14　　　　　　　　　　　　　　**预 测 因 子 重 要 性**

特征量	聚类—1					聚类—2				
	回归系数		标准化系数	t	Sig.	回归系数		标准化系数	t	Sig.
	B	序号	β			B	错误值	β		
（Constant）	−11.547	5.945		−1.942	0.052	7.670	4.457		1.721	0.086
用户总数	0.011	0.003	0.429	4.053	0.000	0.013	0.002	0.741	5.890	0.000
非居民户数	0.358	0.302	0.106	1.187	0.225	0.154	0.121	0.108	1.273	0.204
居民户容量	−0.002	0.001	−0.384	−3.514	0.000	−0.003	0.001	−0.693	−5.242	0.000
非居民容量	0.021	0.016	0.168	1.368	0.172	−0.010	0.006	−0.219	−1.822	0.069
变压器容量	0.000	0.000	−0.039	−1.083	0.279	−0.002	0.000	−0.280	−8.151	0.000
供电量	0.000	0.000	0.147	2.943	0.003	0.001	0.000	0.317	6.532	0.000
居民容量占比	12.141	5.933	0.225	2.046	0.041	−7.824	4.502	−0.173	−1.783	0.083
居民户均容量	0.256	0.053	0.239	4.968	0.000	0.526	0.123	0.389	4.285	0.000

由表 1-14 可知，聚类—1 中，用户总数、居民户容量、供电量、居民容量占比的 Sig. 均小于 0.05，因而它们与线损率之间线性关系显著，为得出最简表达式，可去除 Sig. 最大的自变量，重新回归，直至所有自变量的 Sig. 均小于 0.05。

聚类—2 中，用户总数、居民户容量、变压器容量、供电量、居民户均容量的 Sig. 均小于 0.05，因而它们与线损率之间线性关系显著，为得出最简表达式，可去除 Sig. 最大的自变量，重新回归，直至所有自变量的 Sig. 均小于 0.05。

5. 预测线损—实际线损散点图

图 1-26 所示为预测线损—实际线损散点图，图中给出了预测率和实际线损率相等的直线，可以直观地看出，位于此直线两侧的点大致具有一定的"对称性"，也即位于直线两侧的点数大致相等，因而可以做出 95% 点所在的区域，给出可以确定此区域的波动值 ε。不妨设预测线损率所在轴为 x 轴，实际线损率所在轴为 y 轴，则满足 95% 点，位于 $y = x \pm \varepsilon$ 所确定的区域。

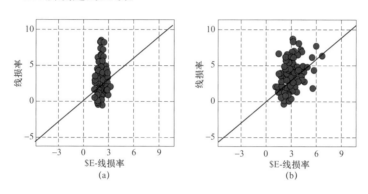

图 1-26 预测线损—实际线损散点图
（a）聚类—1；（b）聚类—2

6. 实际线损—预测线损直方图及标准拟合曲线

图 1-27 所示为实际线损—预测线损直方图，图中误差分布直方图 0 附近点数最多，大部分位于 [−2.5，2.5]。图中给出了标准曲线，可以看出，误差具有正态分布趋势，因而误差合理，同时也表明线性回归模型合理。若将置信度设置为 90% 和 95%，可以

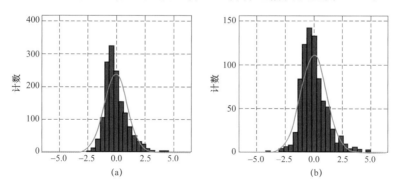

图 1-27 实际线损－预测线损直方图
（a）聚类—1；（b）聚类—2

得到相应的置信区间误差限为：聚类—1，2.1160 和 1.5585；聚类—2，1.5585。将城网数据与农网数据分别按照上述过程进行聚类，回归建模分析，得到其 90% 和 95% 置信度下的误差限，见表 1-15 和表 1-16。

表 1-15 城网月数据合理线损对应置信区间误差限

城网分类	聚类类别	台区数	95%置信度对应误差限 ε	90%置信度对应误差限 ε
城网居民类低档	聚类—1	1517	2.1160	1.5585
	聚类—2	800	2.4918	1.7343
城网居民类中档	聚类—1	10155	1.9784	1.3548
	聚类—2	4167	2.2565	1.7192
城网居民类高档	聚类—1	1321	1.9959	1.3839
	聚类—2	260	1.8893	1.3185
城网非居民类	聚类—1	2414	2.2611	1.4963
	聚类—2	318	2.3010	1.5116
城网混合低负荷	聚类—1	1083	1.8708	1.3401
	聚类—2	1285	2.0233	1.5047
城网混合中负荷	聚类—1	1513	2.0792	1.5508
	聚类—2	3224	2.2899	1.6627
城网混合高负荷	聚类—1	1087	2.6959	1.9566
	聚类—2	584	2.6722	2.0025
	聚类—3	697	2.5230	1.8057

表 1-16 农网月数据合理线损对应置信区间误差限

农网分类	聚类类别	台区数	95%置信度对应误差限 ε	90%置信度对应误差限 ε
农网居民类低档	聚类—1	20844	2.0428	1.6476
	聚类—2	6913	1.8086	1.4581
农网居民类中档	聚类—1	23687	2.1292	1.7594
	聚类—2	2391	1.9071	1.5661
	聚类—3	8158	1.9466	1.5813
	聚类—4	11169	1.9870	1.6072
农网居民类高档	聚类—1	1023	2.0364	1.6378
	聚类—2	417	1.8868	1.4851
农网非居民类	聚类—1	9001	1.7945	1.3102
	聚类—2	1785	2.0906	1.6836
农网混合低负荷	聚类—1	7714	1.9357	1.5322
	聚类—2	3322	1.7768	1.4579
农网混合中负荷	聚类—1	8672	1.9002	1.5478
	聚类—2	13401	1.9065	1.5290

农网分类	聚类类别	台区数	95％置信度对应误差限 ε	90％置信度对应误差限 ε
农网混合高负荷	聚类—1	4849	2.1166	1.7668
	聚类—2	6186	2.1500	1.8035

二、 日数据建模验证

以某省 2014 年 12 月线损数据为例，建立数学模型，采用先分类后聚类的方法，线损数据采用日数据。即将 12 月每天的线损数据与供电量数据作为建模样本建立数学模型，数据总量为 4436374 个。预分类见表 1-17。

表 1-17　　　　　　　　　　　台区月数据预分类结果

数据类别	数据量	数据类别	数据量
城网非居民	79784	农网非居民	352602
城网混合低	53055	农网混合低	237484
城网混合高	53056	农网混合高	237485
城网混合中	159167	农网混合中	712454
城网居民低	65122	农网居民低	750151
城网居民高	44864	农网居民高	41525
城网居民中	406477	农网居民中	1243148

同样以城区低档居民型为例，按月数据建模验证过程进行建模分析计算。结果如下：

（1）K-means 聚类中心见表 1-18。

表 1-18　　　　　　　　　　　K-means 聚类中心

聚类类别	总用户数	居民户数	非居民户数	居民容量	非居民容量	变压器容量	供电量	居民容量占比	居民户均容量
聚类—1	67.43	67.60	0.13	276.38	3.30	255.24	476.25	0.99	4.10
聚类—2	199.59	199.09	0.50	805.96	14.79	507.24	1414.9	0.98	4.12

（2）回归系数见表 1-19。

表 1-19　　　　　　　　　回 归 系 数

聚类类别	聚类—1	聚类—2
样本个数	40665	24457
总用户数	0.007764	0.01041
居民户数		
非居民户数	0.3837	0.1659
居民容量	−0.001171	−0.001994
非居民容量	0.01355	−0.008621
变压器容量	−0.0005386	−0.001506
供电量	0.0004536	0.0004762

聚类类别	聚类—1	聚类—2
居民容量占比	10.15	−6.563
居民户均容量	0.2214	0.3198
常数项	−9.452	7.2

（3）误差限（90%）见表 1-20。

表 1-20　　　　　　　　　　　置信区间误差限

聚类—1	聚类—2
1.5409	1.7390

将所有台区日线损预分类数据同样进行建模分析，得到相应的其 90% 置信度下的误差限，见表 1-21 和表 1-22。

表 1-21　　　　　　城网日数据合理线损对应置信区间误差限

城网网分类	聚类类别	台区数	90%置信度对应误差限 ε
城网居民类低档	聚类—1	40665	1.5409
	聚类—2	24457	1.7390
城网居民类中档	聚类—1	224472	1.4935
	聚类—2	142205	1.5959
城网居民类高档	聚类—1	30187	1.3385
	聚类—2	14677	1.4064
城网非居民类	聚类—1	68341	1.4560
	聚类—2	11443	1.4679
城网混合低负荷	聚类—1	541145	1.7538
	聚类—2	209006	1.4881
城网混合中负荷	聚类—1	119013	1.5399
	聚类—2	40154	1.6340
城网混合高负荷	聚类—1	37565	1.98
	聚类—2	15491	1.6947

表 1-22　　　　　　农网日数据合理线损对应置信区间误差限

农网分类	聚类类别	台区数	90%置信度对应误差限 ε
农网居民类低档	聚类—1	541145	1.7538
	聚类—2	209006	1.4881
农网居民类中档	聚类—1	907788	1.8620
	聚类—2	335359	1.6502
农网居民类高档	聚类—1	29412	1.6365
	聚类—2	12113	1.4042

农网分类	聚类类别	台区数	90%置信度对应误差限 ϵ
农网非居民类	聚类—1	288983	1.1755
	聚类—2	63619	1.6803
农网混合低负荷	聚类—1	142379	1.5052
	聚类—2	36503	1.4102
	聚类—3	58602	1.7659
农网混合中负荷	聚类—1	183893	1.6604
	聚类—2	528561	1.5475
农网混合高负荷	聚类—1	84172	1.8755
	聚类—2	153313	1.8156

三、 结论

相对月均数据来说，采用每日数据作为训练数据建立数学模型具有以下优势：

（1）数据样本数据量的扩大，日线损数据相对月线损数据来说扩大了近 30 倍，对于数据模型来说，充足的数据保证了建模的准确性与可靠性。

（2）数据范围的扩大，日线损数据充分考虑了每日数据的波动性。季节变化、气温变化、天气情况、节假日等因素都会导致每日线损与供电量数据发生较为明显的波动性变化。而月线损数据仅仅将其平均化，不能反映数据逐日波动对数学模型的影响。因此，采用日数据建模可以有效提升模型的精度。

（3）采用日线损建模有利于预测结果的精细化。日线损数据模型可以对日线损状况进行预测，相对于月线损预测来说，精细化程度更高，更能够符合实时预测，实时监控的远期发展目标。

综合以上验证与分析结果，采用日数据，通过 K-means 和多元线性回归进行建模，得到预测线损值与合理线损置信区间限，是行之有效的，取得了较好的效果。

第二章

台区线损在线分析及管理方法

第一节　台区线损分级治理

为便于管理和描述每个台区的合理线损范围，提出的分级管理理念，即对台区进行分级别归类、分人员监控、分专业治理，如图 2-1 所示，充分考虑台区的实际情况，实时监控、逐级整改，精益化管控。

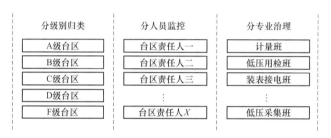

图 2-1　低压台区在线线损分级治理

一、分级别归类

将全省低压台区按照管理目标分为 A、B、C、D、F 五个等级：

A 级——合格稳定台区：台区月度线损值考核合格且接近合理值（与合理线损值偏差小于 2%）；日线损值波动率小（近 30 天内至少有 20 天日线损值与合理线损值偏差小于 2%）。

B 级——合格欠稳定台区：台区日线损值考核合格但未达到 A 级要求的台区。

C 级——线损不合格台区：台区日线损值能计算出，但日线损值不在合格范围以内。

D 级——小电量台区：台区月度总供电量小，线损计算值偏差较大的合格台区。当月度台区线损率在 −5%～20%，并且符合配电变压器月度平均负债率均低于 1% 或月度总供售电量均小于 100kWh 或总供售电量差值小于 1kWh 三者之一的台区。

F 级——无关口台区：无供电计量点、未装关口总表、总表未被采集，但至少有一个在用售电侧结算计量点的公用低压配电台区。

通过分级归类，每个月对台区按月度线损值进行分级核定，每日对本级内的台区日线损值进行监视，对超出范围的台区及时报警提示，实现台区线损的分级管理和异常主动报警。分级归类管理的主要目标有：

（1）对于 B 级台区，分析线损是否有提升空间，通过改造降损，使其进入 A 级台区。

（2）对于 C 级台区，分析线损异常的原因，结合机内和现场核查，及时解决问题，使其进入 B 级台区。

（3）对于不能计算的台区，通过调整供电方案，及时归入到 B 级台区。

（4）对于低电量台区，综合考虑台区的用电性质，适当拓宽线损合格范围，对于超出考核范围的台区，及时整改降损，尽快进入 B 级台区。

二、分人员监控

落实台区责任人，台区线损责任到人，以台区责任人为管理单位，台区责任人定期监控管辖范围内每个台区的变化情况，依据相关超限台区的告警提示，通过线损异常智能分析软件，参考案例库中的典型案例，初步判断异常原因及其归属专业，跟踪督办台区的整改情况，使其逐步进入到合格稳定台区。对于典型的异常原因，及时归纳总结，编写典型案例，完善案例库。

三、分专业治理

线损是从管理的结果来校验管理的过程，线损指标反映出营销电费、计量、业务、用检等营销专业管理的精益化水平，线损达标工作也倒逼着营销各专业管理水平的持续提升。在此过程中，通过工单流程将异常台区清单自动分流至各专业，明确工作质量要求和时限要求，追本溯源，对症下药，在专业管理的源头上解决问题，真正实现线损管理专业治理、全过程管理。

概括来说，低压台区线损分级管理的流程如图 2-2 所示。基于用电信息采集系统的日常监控中，台区责任人判断每个台区的等级，及时记录从 A 级退出或者新计入的台区，针对不同级别的台区的变更情况有目的性地进行整改；对异常台区，通过智能分析软件的辅助分析，结合现场查勘，参考典型案例库进行原因初判，通过派发工单及时流转至各个专业进行整改，对工单的处理情况进行审核，闭环管控整改过程；最后总结分析原因，交流经验。通过建立规范高效的工作流程，进一步促进线损管理精益化。

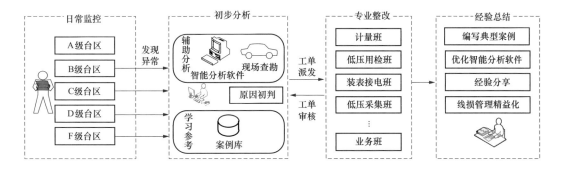

图 2-2　低压台区在线线损分级管理流程

第二节　台区线损异常原因智能分析设计

一、智能分析内容

根据前文所提的线损异常的主要因素，提取线损异常特征，从业务变更查询、线损计算单元、户变关系、供电侧异常、用电侧异常五个模块分别进行"体检"，列出疑似问题供参考，"体检"模块如图2-3所示。

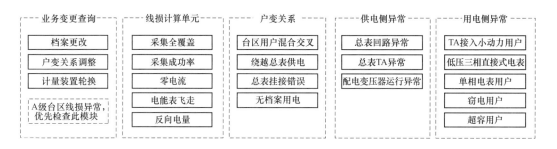

业务变更查询	线损计算单元	户变关系	供电侧异常	用电侧异常
档案更改	采集全覆盖	台区用户混合交叉	总表回路异常	TA接入小动力用户
户变关系调整	采集成功率	绕越总表供电	总表TA异常	低压三相直接式电表
计量装置轮换	零电流	总表挂接错误	配电变压器运行异常	单相电表用户
A级台区线损异常，优先检查此模块	电能表飞走	无档案用电		窃电用户
	反向电量			超容用户

图2-3　智能分析"体检"模块

1. 业务变更分析

检查本台区以及同线路、同小区其他台区的台区配电变压器档案、台区户变关系调整或增减、计量轮换装接、采集档案变更。例如：对于合格稳定台区（A级台区）发生线损异常，首先应检查近期是否发生了台区调整或者业务变更。

2. 线损计算单元分析

（1）采集全覆盖：以营销业务系统台区当前台账为基准，列出本台区下全部计量点，包括无表计量点、次级计量点、比对表、参考表，检查未进入当前考核单元的计量点对应标号、采集状态、最近一次抄见电量、抄表周期、电能表主用途、当前关联业务。提供按钮选中对象累加计算出其电量站全部用电量比例。分别检查：①台区考核表已全部采集，缺则告警；②无表和未采集的用电量占比，超过2%则告警；③计算单元中重复的电能表，存在则告警。

（2）采集成功率：以当前计算单元为基准，列出当月日电量，着重标识日示数采集失败，提供按钮选中计算出按抄见电量均摊后的折算线损率。检查采集失败用户的月均日电量，失败用户日电量总和占比超过10%则告警。

（3）零电流：以当前计算单元为基准，列出当月日电量，着重标识用电量为零；分别检查：①数据残留检测：示数采集成功单日电量为零用户，计算其零电量及其后第一日电量与损失电量的相关系数，多户则相加计算，小于-0.8则告警；②电能表停走检查：示数采集成功但日电量长期为零的大线损台区。

（4）电能表飞走：以当前计算单元为基准，列出当月日电量。检查当日电量时月均日电量的10倍。

（5）反向电量：以当前计算单元为基准，列出电能表（包括总表）的当前反向示数、当日反向电量，标识反向电量不为零的已参与计算、未参与计算的对象。检查未参与计算的反向电量总和，占比超过 1％告警。

3. 户变关系分析

（1）台区用户混合交叉：

1）以抄表段检查：列出本台区所有计量点对应的抄表段、段内电能表数、已进入本台区考核单元的电能表数、在其他考核单元内的电能表数、未被统计的电能表数，并分类链接其明细。

2）以同小区、同线路的正负相关性检查：以与本台区名称相近似台区名称模糊检索同线路或同行政区内的其他台区，选中后列出与本台区可能存在供用电量互补的台区，通过互补台区损失电量的相关性发现疑似变户关系错误。

（2）绕越总表供电：检查损失电量与总用电量之间的相关性，看是否存在绕越总表计量。

（3）总表挂接错误：检查台区总表电量与用户电量之间的相关性，看是否存在错乱。

（4）无档案用电：检查损失电量与总用电量之间的相关性，看是否存在遗漏用户、无档案、绕越计量、无表用电等方式的用电行为。

4. 供电侧异常分析

（1）总表计量回路异常：通过系统内数据检索是否存在欠压、失压、电压不平衡、断流、断相、超电能表额定电流、功率因数低、零线电流超限、功率反向、电流反向、反向电量等。

（2）总表 TA 异常：通过系统内数据判断 TA 变比是否异常。

（3）配电变压器运行异常：检查是否存在输出侧低电压、配电变压器电流超限、电流三相不平衡、配电变压器平均负荷率低、用户末端低电压等现象。

5. 用电侧异常分析

检查台区下用户是否存在 TA 接入低压三相电能表（小动力用户）、低压三相直接式电能表、单相电能表用户，是否存在窃电用户、超容用户。

二、 智能分析方法

在线损异常原因分析过程中，根据当前线损率偏差值所属区间，按照供电侧电量异常和用电侧电量异常两个方向检查。根据预设的检查流程，自动检测并列出疑似问题，见表 2-1。

第三节 台区线损异常整改工单化

传统的线损异常分析工作，工作人员首先需要搜索各个系统内的相关数据进行初步分析，再进行现场核实，最后联系各个专业进行处理传统流程耗时长、效率低，不利于有效管控整个过程。因此，依托用电信息采集系统，建立线损异常整改工单化流程，闭环管控低压台区线损管控工作，进一步促进低压台区线损管理精益化。

表 2-1　电量异常分析

线损率	异常类型		异常原因	异常现象	具体原因描述	异常负荷	电量损失
6%~10%	用电侧少电量	线损计算单元与实际台区不一致	变户关系	少量用户遗漏	少量用户正迁移未归档	居民	无
		供电过程损失	无表用电	绕越计量窃电	用户违法用电：绕越计量窃电	三相商业	售电损失
			线路损耗	接户线过载	非居用户线路过载	接户线	供电损耗
		计量异常		功率因数低	末端非居功率因数低	小动力	供电损耗
			计量差错	电压连片松动	计量回路：电压连片松动	三相商业	售电损失
	供电侧多电量	线损计算单元与实际台区不一致	档案差错	总表非本台区	两台区变比不同至电量均归本台区	配电变压器关口	供电量偏差
				总表非本台区	总表挂错台区	配电变压器关口	无
		计量异常	计量差错	TA比值大于实际值	TA：变比值错—归档值变大（变比相同）	配电变压器关口	供电量偏差
大于10%	用电侧少电量	线损计算单元与实际台区不一致	变户关系	一户计量点遗漏	双电源用户分属不同台区，作为单电源挂入另一台区	小动力	无
				一用户遗漏	农灌动力偶尔用电户归档信息错	农灌小动力	无
				大量用户遗漏	新建居民配电施工信息错误导致档案漏户	居民	无
				配电操作	另一配电变压器轻载退运合并台区	小区配电所	无
				配电操作	台区割接36户在另一台区未正入	大量居民	无
				两个台区低压并联	配电站低压低电压运作，误操作至两台区低压并联	小区配电所	无
			档案差错	档案信息错	用电表作为参考表建档	三相商业	无
		供电过程损失	采集运维	少计算1非居户	采集失败	三相商业	无
				少计算大量居民户	采集失败	居民	无
				未安装采集	未安装采集	三相商业	无
			无表用电	无户用电	致错销户的黑户	三相商业	售电损失
				无户用电	工单超期的新增用户	三相商业	无

续表

线损率	异常类型	异常原因	异常现象	具体原因描述	异常负荷	电量损失
大于10%	供电过程损失	无表用电	无户用电	窃电-私自无表直接用电	三相商业	售电损失
大于10%	供电过程损失	无表用电	无户用电	所用电未装表建档	小区配电站	供电损耗
大于10%	供电过程损失	无表用电	无户用电	小台区配电箱用电	配电箱用电	供电损耗
大于10%	供电过程损失	线路损耗	架空线路搭接	配网线路搭接损耗	架空线路	供电损耗
大于10%	供电过程损失	线路损耗	电缆绝缘漏电	用户接户线绝缘体漏电	接户线	供电损耗
大于10%（用电侧少电量）	计量异常	计量差错	TA变比值错	TA变比值偏小-已更换未归档	小动力	无
大于10%（用电侧少电量）	计量异常	计量差错	计量回路	TA回路B/C两相开路	小动力	售电损失
大于10%（用电侧少电量）	计量异常	计量差错	计量回路	接线错误-C相反接	小动力	售电损失
大于10%（用电侧少电量）	计量异常	计量故障	TA故障	TA误差严重偏小	小动力	售电损失
大于10%（用电侧少电量）	计量异常	计量故障	电能表故障	电能表超容后产生超差	三相商业	售电损失
大于10%（用电侧少电量）	计量异常	计量故障	电能表故障	电能表超容后产生超差	三相商业	售电损失
大于10%（用电侧少电量）	计量异常	计量故障	电能表故障	停止计量	三相商业	售电损失
大于10%（用电侧少电量）	计量异常	计量故障	电能表故障	大用户表内部短窃电	小动力	售电损失
大于10%（用电侧少电量）	计量异常	计量故障	电能表故障	大用户表内部遥控窃电	小动力	售电损失
正负之间大幅波动	—	采集电量累积	采集装置缺陷	读表失败残留产生虚假示数	居民	无
正负之间大幅波动	—	采集电量累积	采集装置缺陷	读表失败残留产生虚假示数	居民	无
-1%~-8%（供电侧少电量）	计量异常	用电异常	低负荷计量偏差	小动力台区、总表负荷误差	小动力	无
-1%~-8%（用电侧多电量）	线损计算单元与实际台区不一致	变户关系	归档信息有误	少量用户非本台区	居民	无
线损率小于-8%（供电侧少电量）	线损计算单元与实际台区不一致	档案差错	归档信息有误	总表非本台区	配电变压器关口	无
线损率小于-8%（供电侧少电量）	线损计算单元与实际台区不一致	档案差错	归档信息有误	总表非本台区	配电变压器关口	无
线损率小于-8%（供电侧少电量）	线损计算单元与实际台区不一致	计量差错	绕越计量供电	光伏发电上网点未建	光伏发电	供电量偏差
线损率小于-8%（供电侧少电量）	线损计算单元与实际台区不一致	计量差错	绕越计量供电	绕越计量-箱式变压器TA前出现	配电变压器关口	供电量偏差
线损率小于-8%（供电侧少电量）	线损计算单元与实际台区不一致	计量差错	绕越计量供电	绕越计量-柱上变压器双出线	配电变压器关口	供电量偏差

续表

线损率	异常类型	异常原因	异常现象	具体原因描述	异常负荷	电量损失
线损率小于-8%	供电侧少电量 计量异常	计量差错	归档信息有误	TA比值小于实际值	配电变压器关口	供电量偏差
			电流回路错接线	B/C相电流串接	配电变压器关口	供电量偏差
			电流回路错接线	B/C相电流反向跨接	配电变压器关口	供电量偏差
			电流回路故障	电路回路被其他装置并联分流	配电变压器关口	供电量偏差
			电流回路故障	接线盒被 A 相电流短接	配电变压器关口	供电量偏差
			电流回路故障	接线盒电流短接	配电变压器关口	供电量偏差
			电压回路错接线	电压导线皮低低电压	配电变压器关口	供电量偏差
			装接失误	某相 TA 变比大于归档值	配电变压器关口	供电量偏差
		计量故障	TA 故障	B相误差严重超差偏小	配电变压器关口	供电量偏差
			TA 故障	三相 TA 误差严重超差偏小	配电变压器关口	供电量偏差
	用电侧多电量 线损计算单元与实际台区不一致	变户关系	归档信息有误	一用户非本台区	农灌小动力	无
			归档信息有误	一用户非本台区	非居三相	无
			归档信息有误	大量用户非本台区	居民	无
			信息未归档	配电操作大量用户用户档案未迁出	小区配电站	无
			信息未归档	配电操作大量用户用户档案未迁出	大量居民	无
			信息未归档	配电操作大量用户用户档案未迁出	大量居民	无
		采集运维	配电误操作	两个台区低压并联	小区配电站	无
			电能表重复计算	负控集中重复建档	小动力	无
	计量异常	计量故障	电能表故障	用户表飞走	居民	售电损失
			电能表故障	用户表烧坏飞走	居民	售电损失

一、 工单流程

智能分析结束后，可自动列出疑似问题点，派单人对异常台区原因进行初判后，将异常台区以工单的形式派发给相应的工作人员，具体流程如图2-4所示。

二、 人员设置

1. 派单人

以台区责任人为主体，监控管辖范围内的台区异常现象，根据线损异常智能分析模块的辅助分析结果，记录情况并选择适当的工单类型分别派至相应问题责任部门或处置人员，可包含责任人自己。其中，工单界面根据工单类型的不同有所区别，提示派单人需明确标注一些具体信息。如采集失败时，需详细标注疑似影响线损采集失败的户数、户号、厂商及采集失败时间等，方便后期工单统计分析。同时责任人需对回单进行确认，保证回单质量；对于长期整改未消缺的台区，责任人可派发工单至专家组成员，但工单需详细标注目前已检查确定的事宜，如户变关系是否已核实、无表用户是否已核实、零电量用户等，方便专家组成员远程分析问题。

2. 接单人员

接单人员对派单问题及时进行现场确认、整改，消除造成线损异常的因素后，记录处理方法和异常原因并回单至派单人。

接单人员处置时，如果发现不是本专业问题，可根据工作经验，分析反馈相关专业问题，接单人回单至派单人，派单人审核通过后，记录为错误派单并重新派至相关责任专业或人员；若审核不通过则向接收人员反馈错误原因，帮助其提升工作能力并重新派至该人员，标记为重复派单，重复派单人环节。

3. 专家组

每个地市选取2~3名线损治理资深人员，列入专家组。对于多次派单消缺不成功或长期未归档的台区，可由台区责任人派单至专家组，标记为专家组工单，由专家组成员核查并回单。

三、 工单类型、 处理部门和处理时限

（1）工单类型。工单按照线损异常的影响因素可进行划分，主要分为计量采集、用电规范、户变关系、统计线损、设备及运维、专家组等类型，其中每个类型可进行进一步细分。涉及的处理部门包含采集、计量、用检、抄表、营电、档案等，而完成时限按照处理内容的难易程度，以工作日为单位设置，见表2-2。

（2）工单统计。针对工单类型的汇总，明确工作、业务管理流程中主要存在的问题；针对工单派发、处理、已归档的数量及各环节完成时间定期统计，明确工单质量的完成情况。

（3）工单查询。设置工单查询功能，通过台区编号、责任人编号、工单状态查询工单处理情况，督办超期预警工单。

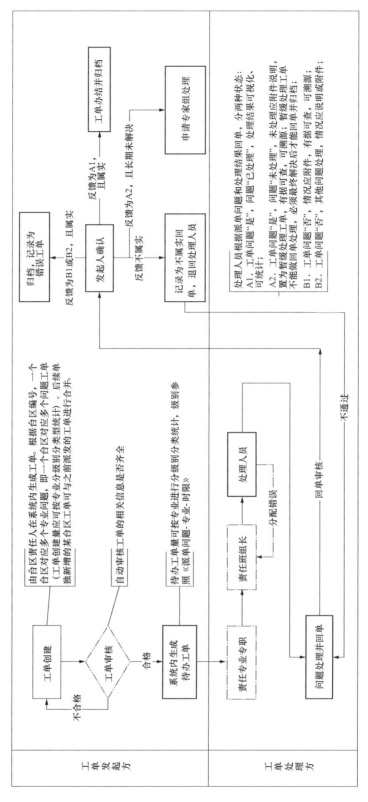

图 2-4 台区线损异常整改工单化流程

表2-2 工单类型—处理部门—处理时限

专业	工单类型I	工单类型II	可选字段		异常现象（不全面）	派单人（默认台区责任人）	计量	采集	用检	抄表	专家组	处理时限（天）
采集	计量采集	计量采集运维	关口侧	采集未建	(1) 未采用户数不为零；(2) 线损显示用户电量为"空"							7
				采集失败	(1) 用户参与率未达到100%；(2) 线损显示用户电量为"X"							3
				电量未冻结或为0	(1) 关口日电量未空有电量；(2) 采集召测有电量，线损电量未发行；(3) 营销关口电量非零值；(4) 关口冻结非零点，有时间差							3
				其他								3
			用户侧	采集未建	(1) 未采用户数不为零；(2) 线损显示用户电量为"空"							4
				采集失败	(1) 用户参与率未达到100%；(2) 线损显示用户电量为"X"							3
				电量未冻结或为0	(1) 用户参与率与100%，但电量显示为零值，如置停电标志用户用电；(2) 采集召测有电量，线损电量显示为零值；(3) 冻结数据不为零点							3
				其他	例如采集系统数据为0，营销系统电量非0							3
计量	计量采集	错接线	关口侧	二次连接线错接	(1) 存在反向电量；(2) 错误相大压断流或电流反向							3
				联合接线盒连片位置错误	相应相出现失压，断流							7
				TA非反极性接线	电流反向							7
				TA接线有分流	二次绕组子端有其他非计量用一次回路，如检测装置，配电变压器盘表，无功补偿装置等							7
				其他								7

续表

专业	工单类型				异常现象（不全面）	派单人（默认台区责任人）	处理部门或者处理人					处理时限（天）
	工单类型I	工单类型II	可选字段	可选字段			计量	采集	用检	抄表	专家组	
计量采集		错接线	用户侧	用户错接线	(1) 存在反向电量； (2) 用户抄表不成功或均为零； (3) 错误相报大压，断流或电流反向							1
				零线故障/表计断零	(1) 负载不平衡时三相电压严重不平衡； (2) 采集失败							1
			关口侧	表计（终端）故障	(1) 零电量； (2) 采集不成功； (3) 计量示数突变							7
				TA故障	(1) 电量突变； (2) 故障相监测数据异常； (3) TA有裂纹； (4) 某相TA缺失							7
				其他								7
计量		故障	用户侧	表计故障	(1) 零电量； (2) 采集不成功； (3) 计量示数突变							7
				采集终端（集中器/采集器）故障	采集失败或数据未采集							7
				TA故障	(1) 电量突变； (2) 故障相监测数据异常； (3) TA有裂纹； (4) 某相TA缺失							7
				其他								7

续表

专业	工单类型Ⅰ	工单类型Ⅱ	可选字段	可选字段	异常现象（不全面）	派单人（默认台区责任人）	处理部门或者处理人 计量	采集	用检	抄表	专家组	处理时限（天）
计量	计量采集	档案错误	关口侧	TA变比错误	(1) 线损比较恒定；(2) 用户电量的增加或减少与线损曲线相符							7
			关口侧	计量装置档案错误	(1) TA档案不全；(2) 关口表计资产编号错误/未更新							7
				营销系统档案未归档								7
			用户侧	TA变比错误	(1) TA档案不全							7
			用户侧	计量装置档案错误	(1) TA档案不全；(2) 用户表计资产编号错误/未更新							7
				营销系统档案未归档								7
		计量装置安装、配置	关口侧	TA变比配置不合理								7
			关口侧	关口表安装位置不当	(1) 关口前有分支；(2) 关口表计下接有所内自用电设备							7
				其他	表计损耗大、非智能表、卡表、螺丝锈蚀							7
			用户侧	需换表								7
			用户侧	计量超差	(1) 线损比较恒定；(2) 用户电量的增加或减少与线损曲线相符							7
				其他								7
用检	用电规范	用电规范	用户侧	无表用电	(1) 正式用电、不装表；(2) 临时用电、不装表临时用电；(3) 其他不装表用电							2

专业	工单类型I	工单类型II	可选字段	异常现象（不全面）	派单人（默认台区责任人）	计量	采集	用检	抄表	专家组	处理时限（天）
用检	用电规范	用电规范（用户侧）	配电房自用电								3
			违约用电	超容，末端大电量用户超容							3
			窃电	表前接线用电等							3
			光伏用户								7
			抄表周期不一致	用户抄表周期（单月、双月）与台区考核周期不一致							7
用检	台区切割	台区切割（用户侧）	台区切割，未及时归档	(1)台区存在设备切割；(2)相关台区线损一正一负							3
	户变关系	户变错（用户侧）	部分用户现场未发现								3
			拆迁								3
			户变关系错误								7
营电	统计线损	统计线损异常	电量未发行	营销供、售电量未发行							7
			供售发行时间不一致								7
			台区与用户考核周期不一致								7
			用户抄表周期不一致								7
			用户结转电量								7
			发行电量不规范								7

续表

专业	工单类型I	工单类型II	专业可选字段	可选字段	异常现象（不全面）	派单人（默认台区责任人）	计量	采集	用检	抄表	专家组	处理时限（天）
营电	统计线损	统计线损与任线损偏差较大	统计线损与任线损偏差较大									7
用检	设备及运行情况	绝缘	配电变压器侧	漏电	(1) 零线回路电流大；(2) 线路频繁跳闸；(3) 线损骤增；(4) 抢修记录							5
			配电变压器侧	树枝碰线	(1) 线损波动与天气情况相符；(2) 频繁跳闸							5
				电容击穿	关口二次零线大电流							5
		设备	配电变压器侧	线路细长旧	(1) 台区供电条件差；(2) 低电压							5
		负荷	配电变压器侧	三相负载不平衡	三相不平衡度大于30%							5
				末端大负荷	用户集中在线路末端							5
				空台区	无关口无用户							2
		供电半径	供电半径	供电半径过长	养殖、郊区等供电半径过长							7
		需配电协调	变压器	变压器拆除、停用								7
				其他								7

专业	工单类型				异常现象（不全面）	派单人（默认台区责任人）	处理部门或者处理人					处理时限（天）
	工单类型I	工单类型II	可选字段	可选字段			计量	采集	用检	抄表	专家组	
专家组	专家组	关口问题已核实且无问题										7
		户变关系已核实且无问题										7
		无窃电用户										7
专家组	专家组	无表用电已记录用电不是影响主要线损因素										7
		采集无故障或采集不是影响主要线损因素										7
		零电量用户已核实										7

第四节　台区线损差异化评价管理

为提高线损管理水平，定期检查各基层单位线损管理工作开展情况。省电力公司营销部组织实施低压台区线损管理评价，运检部配合开展。坚持定量分析与定性分析相结合、以定量分析为主的原则，充分利用合理线损计算、管理线损统计、精细化技术线损评级等科学分析手段，常态开展低压台区线损管理评价工作，评价线损超标分析和整治工作成效。

一、精细化技术线损评级

技术线损精细化是指电网拓扑关系完整准确、线路设备参数真实完备、运行数据监测及时可靠。包括台区的低压线路接线图始端为台区总表，末端为计量表箱，并标明低压主干线、支线和接户线的相序、导线型号、长度，计量表箱和计量表计对应关系应准确无误，台区总表具备读取有功、无功电量、电流、电压、功率因数功能。

根据参与精细化技术线损测算低压台区占本单位全部公用台区数的比重，将技术线损计算管理级别分为三级。

一级：精细化技术线损测算台区比重小于30％。

二级：精细化技术线损测算台区比重大于30％，且小于95％。

三级：精细化技术线损测算台区比重大于95％。

省公司每年组织台区技术线损精细化管理评级工作，各基层单位根据要求，上报技术线损精细化管理定级申请资料。

二、技术线损超标分析

1. 主要相关技术指标

与低压电力线路线损密切相关的主要技术指标包括低压主干线及分支线截面、低压主干线及分支线绝缘化率、低压供电半径、配变平均功率因数、配变负载率、配变三相不平衡率等六个主要关键指标，根据《一流配电台区评价标准》，相关指标目标值如下：

（1）低压供电半径：指配电变压器低压侧出线到其供电的最远负荷点之间的线路长度。低压（380/220V）电网供电半径反映了配电台区供电范围是否合理，电压是否能保证。按照《配电网规划设计技术实施细则》的要求，市中心区、市区、城镇地区及集中居住区，新建配电变压器台区低压供电半径一般不大于150m。在农村地区，新建配电变压器台区低压供电半径不宜超过200m。低压台区改造时，市中心区、市区、城镇地区及集中居住区低压供电半径可以按照不超过250m、农村地区按照不超过500m控制。

（2）低压主干线、分支线截面：低压（380/220V）主干线、分支线截面选择反映了台区低压主干网络配置水平。按照《配电网规划设计技术实施细则》的要求，380/220V 主干线电缆线路截面采用 240mm²，分支线电缆线路截面采用 150、95mm²；380/220V 主干线架空线路截面采用 185mm²，分支线架空线路截面采用 120mm²。

（3）低压主干线及分支线绝缘化率：线路绝缘率越高，有利于降低线路故障，同时有利于减少线损。参照"一流配电网"建设目标和计划，低压线路绝缘率宜在 95% 以上。

（4）配电变压器年最大负载率：反映了配电变压器负荷的控制水平，以及配电变压器布点、容量、台数的安排是否合理。按照《国网运检部关于印发重点城市配电网建设改造与管理提升验收细则（试行）的通知》的要求，重载配电变压器指配电变压器年最大负载率达到或超过 80% 且持续 2h 以上。

$$配电变压器负载率＝最大需量×综合倍率/变压器容量×100\%$$

台区负载率在 70% 左右最优。

（5）配电变压器三相电流不平衡率：低压电网配电变压器面广量多，如果在运行中三相负荷不平衡，会在线路、配电变压器上增加损耗。一般要求配电变压器出口三相负荷电流不平衡率不大于 10%。

（6）配电变压器平均功率因数：

$$月平均功率因素＝月有功电量/SQR（月有功电量平方＋月无功电量平方）$$

城市不应小于 0.98，农村不应小于 0.95。

2. 技术降损管理要求

省电力公司运检部门应根据技术指标要求，以及台区基础资料信息的完整准确性，确定各低压台区的技术线损目标值，对技术线损率超标的低压台区，进行超标原因分析，分析供电半径、电流密度、供电电压、潮流分布、变压器负载率、功率因数是否合理，找出电力网拓扑结构、运行方式、理论计算方面存在的问题，有针对性地开展降损整治工作。

省电力公司运检部对各基层单位低压台区技术线损的达标总体情况，以及台区技术线损超标整治工作成效，进行评价与考核。

三、 评价过程

低压台区线损管理评价分为技术线损评价和管理线损评价两部分。技术线损评价由运检部组织实施。评价应充分考虑营销管理线损评价中反馈的与技术线损有关的信息。管理线损评价由营销部组织实施。评价以统计线损和技术线损为合理线损基础，评价过程中发现的技术线损问题，应及时向运检部反馈。

（1）省电力公司营销部组织基层单位对照低压台区精细化管理的要求，及时在系统中标记可参与精细化技术线损计算的台区，同级运检部配合开展。

（2）省电力公司营销部组织地市公司营销部开展台区理论线损计算工作。对参与精细化技术线损计算的台区，选用电压损失法、等值电阻法、支路电流法等，每月自动计算其技术线损率；对不参与精细化技术线损计算的台区，每年采用合理线损计算模型，计算该类台区的合理线损率。

（3）地市公司营销部依据统计线损率、技术线损率及合理线损率，计算管理线损率，分析管理线损超标原因，组织实施超标整改工作。线损超标与技术线损有关的，按季度向上级营销部、同级运检部反馈。

（4）省电力公司营销部每季度对管理线损工作情况进行统计，并组织抽查，对线损管理工作进行评价打分，运检部配合开展。

低压线损评价分为指标评价和事件评价两部分，年度评价结果纳入同业对标体系。评分细则详见表 2-3。

表 2-3 　　　　　　　　　　　低压台区线损评价指标评分表

序号	评价项目	子项目	评分依据	标准分	实得分	备注
1	管理线损管理指标	管理线损合格率	管理线损合格的台区，其统计线损率和技术线损率之差的绝对值不应超过 1%。管理线损合格的台区占比 100% 得满分，每降 1%，扣 0.5 分	50		营销部
		管理线损合格台区抽查准确率	对管理线损合格的台区进行抽查，抽查准确率应为 100%，每降低 1 个百分点，扣 1 分	15		营销部
		管理线损提升率	管理线损提升率＝（年初平均管理线损率－当前平均管理线损率）/年初平均管理线损率，每提升 1%，加 0.5 分，加满 15 分为止	15		营销部
2	精细化技术线损计算所要求的电网拓扑关系	台区低压线路接线图	始端为台区总表，末端为计量表箱，并标明低压主干线、支线和接户线的相序、导线型号、长度、电气连接关系与现场一致。发生业务变更时，应在现场变更后十个工作日内维护好系统信息。每查实一次不一致或未及时维护系统信息，扣 0.5 分	5		运检部 营销部
		低压设备台账	低压设备台账数据完整、准确，与接线图、现场一致。发生业务变更时，应在现场变更后十个工作日内维护好系统信息。每查实一次不一致或未及时维护系统信息，扣 0.5 分	5		运检部 营销部
		低压设备地理位置	低压设备地理位置沿布准确。发生业务变更时，应在现场变更后十个工作日内维护好系统信息。每查实一次不一致或未及时维护系统信息，扣 0.5 分	5		运检部 营销部
		箱表关系	箱表关系应与现场一致。发生业务变更时，应在现场变更后十个工作日内维护好系统信息。每查实一次不一致或未及时维护系统信息，扣 0.5 分	5		营销部
		表箱地理位置	表箱地理位置沿布准确。发生业务变更时，应在现场变更后十个工作日内维护好系统信息。每查实一次不一致或未及时维护系统信息，扣 0.5 分	5		营销部
		低压设备标识	现场低压设备标识（主干、支线、接户线线路名称、杆号，电缆桩、低压设备编号、出线走向、各类警示标识等）应醒目清晰、规范统一、正确齐全，运维标志标识可用率 100%。发生相关业务时，应在现场变更后十个工作日内维护好现场标识。每查实一次标识与现场不一致或未及时维护标识信息，扣 0.5 分	5		运检部 营销部
		表箱标识	现场表箱标识准确。发生相关业务时，应在现场变更后十个工作日内维护好现场标识。每查实一次标识与现场不一致或未及时维护标识信息，扣 0.5 分	5		营销部

序号	评价项目	子项目	评分依据	标准分	实得分	备注
2	非精细化技术线损计算所要求的电网拓扑关系	台区低压线路接线图	始端为台区总表，末端为计量表箱。发生业务变更时，应在现场变更后十个工作日内维护好系统信息。每查实一次不一致或未及时维护系统信息，扣0.5分	5		运检部营销部
		配电变压器设备台账	配电变压器设备台账数据完整、准确，与接线图、现场一致。发生业务变更时，应在现场变更后十个工作日内维护好系统信息。每查实一次不一致或未及时维护系统信息，扣0.5分	5		运检部
		配电变压器设备地理位置	配电变压器设备地理位置沿布准确。发生业务变更时，应在现场变更后十个工作日内维护好系统信息。每查实一次不一致或未及时维护系统信息，扣0.5分	5		运检部
		箱表关系	箱表关系应与现场一致。发生业务变更时，应在现场变更后十个工作日内维护好系统信息。每查实一次不一致或未及时维护系统信息，扣0.5分	5		营销部
		表箱地理位置	表箱地理位置沿布准确。发生业务变更时，应在现场变更后十个工作日内维护好系统信息。每查实一次不一致或未及时维护系统信息，扣0.5分	5		营销部
		低压设备标识	现场低压设备标识（主干、支线、接户线线路名称、杆号，电缆桩、低压设备编号、出线走向、各类警示标识等）应醒目清晰、规范统一、正确齐全。发生相关业务时，应在现场变更后十个工作日内维护好现场标识。每查实一次标识与现场不一致或未及时维护标识信息，扣0.5分	5		运检部营销部
		表箱标识	现场表箱标识准确。发生相关业务时，应在现场变更后十个工作日内维护好现场标识。每查实一次标识与现场不一致或未及时维护标识信息，扣0.5分	5		营销部
3	计量装置	台区关口计量和采集装置	配电变压器台区关口计量装置应配置合理，符合安装工艺规范，系统信息准确，满足三封要求，采集覆盖率大于99%，日均采集成功率大于99%。发生相关配电变压器业务变更时，应在十个工作日内完成安装、拆除关口计量装置，维护好系统信息。采集覆盖率每降低1个百分点，扣1分。日均采集成功率每降低1个百分点，扣1分；每查实一次不一致或未及时维护系统信息，扣0.5分。每查实一次配置严重不合理，扣0.5分	5		营销部
		客户计量和采集装置	客户计量装置应配置合理，符合安装工艺规范，系统信息准确，满足三封要求，采集覆盖率大于99%，日均采集成功率大于99.5%。发			

续表

序号	评价项目	子项目	评分依据	标准分	实得分	备注
3	计量装置	客户计量和采集装置	生相关客户业务变更时，应在十个工作日内完成安装、拆除客户计量装置，维护好系统信息。采集覆盖率每降低1个百分点，扣1分。日均采集成功率每降低1个百分点，扣1分；每查实一次不一致或未及时维护系统信息，扣0.5分。每查实一次配置严重不合理，扣0.5分；每查实一次接线错误或表计串户，扣0.5分	5		营销部
4	业务管理	自动化抄表核算率	推进用电信息采集系统在电费抄核收方面的应用，自动化抄表核算率大于99.9%。每降低1个百分点，扣1分	2		营销部
		低压居民客户月初零点抄表发行比例	低压居民客户月初零点抄表发行率大于99%。每降低1个百分点，扣1分	3		营销部
		客户抄表周期	规范管理客户抄表结算周期。每查实一次抄表结算周期不规范现象，扣0.1分	5		营销部
		电量发行准确率	检查电费核算中是否有漏算现象，每查实一次漏结算或发行不规范现象，扣0.1分	5		营销部
		故障表计处理	检查故障表处理是否存在未及时、正确补收电量的现象。每发现一处故障表处理是不及时或未正确补收电量的现象扣0.1分	5		营销部
		窃电处理	检查窃电处理是否存在未及时、正确补收电量的现象；每发现一处窃电处理是不及时或未正确补收电量的现象扣0.1分	5		营销部
		业务变更	业务变更应符合相关业务管理规范要求。每发现一处不符合管理规范的业务变更，扣0.1分	5		营销部
5	线损管理组织	组织机构、例会制度	成立分台区线损统计分析工作组织机构，形成线损分析月度例会制度。未成立组织机构扣1分，无线损分析月度例会制度扣1分	2		营销部
		考核制度	形成考核办法，并按此开展业绩考核。未形成办法扣1分，未开展扣1分	2		营销部
		分析报告	建立台区线损分析台账，按月、季、年度开展分台区线损异常（波动）情况分析，分析是否到位并及时上报完整书面分析报告。缺一次线损分析扣2分，线损分析不到位不及时视严重情况扣0.1~2分	2		营销部
		整改计划和监督	对线损高、负线损和线损波动异常的台区、专线及时监测并开展现场稽查，制定有效整改措施和整改计划。是否对整改计划实施情况、整改措施落实情况、整改效果实行过程监督和责任追究，未开展扣2分	2		营销部

序号	评价项目	子项目	评分依据	标准分	实得分	备注
5	线损管理组织	调整电量规范性	检查系统内电量的审核工作是否由市、县级公司专人负责，是否存在违规审核电量调整行为，发现一处违规扣 0.5 分	2		营销部
	总分			200		

1）指标按季度统计，年度指标取季度指标的加权平均值。

2）省公司统筹安排对基层单位进行事件检查，目的在于强化基础管理，防止弄虚作假，检查结果即时通报，纳入年度评价。

四、 台区线损在关联专业管理上的应用

通过台区线损管理，促进部门专业协作，加快业务办理时效，提高工作质量，促进员工成长，为各关联专业带来全新的业务应用体验，推动电网设计规划、经济调度、技术改造等工作。

1. 营销专业应用

以线损管理为抓手，规范营销基础业务管理工作，各专业协同配合，相互监督，实现全过程管理。实现业务全程监控，及时发现缺陷并快速响应整改。通过线损管理智能分析和研究，优化和重塑营销管理流程，提升低压线损过程管理的系统化和规范化。

2. 运检专业应用

支持一流配网运行，充分发挥信息系统支撑功能，实现营销与生产、调度信息管理系统的数据共享，为配电网的调度、建设、运维提供数据支撑。更加合理安排电网运行方式和线路负荷切割，及时做好设备运行维护和消缺。通过实施差异化评价管理，区分管理线损和技术线损界面，有针对性地开展技术降损。

3. 调度专业应用

加强电网运行方式的经济性计算分析，根据电网的潮流情况及时、合理调整电网运行方式，保证电网系统始终在最经济状况下运行。建立营配调一体化业务应用过程监督机制，在平台中综合利用营配调集成技术分析线损数据，查找影响线损率的主要原因，发现电网存在的不足和管理上存在的漏洞等。

4. 规划建设专业应用

基于配网自动化装置和配电变压器用电信息采集装置的 100％ 全覆盖，通过平台实时掌握配网负载率、三相不平衡、功率因素、失压、欠压、断流、反向等异常状态，并结合业扩报装需求预测配电变压器、配电线路未来负载率，为配网规划、建设、运维提供有力支撑，全方位保障客户用电质量。

5. 人力资源专业应用

线损管理成效作为公司全员参与的一项长远工作，对实现员工价值具有非常重要的意义，在将低压线损管理成效作为重要影响因素背景下制定的员工培训管理制度、员工绩效管理制度、员工薪酬福利管理制度、员工关系管理制度，更有助于提升公司人力资源管理的合理性和前瞻性，能够为"三集五大"体系建设做出重要贡献。

6. 纪检监察专业应用

从实际出发，以低压线损管理作为考察员工工作作风的重要因素，做到标本兼治、综合治理、惩防并举、注重预防。从加强低压线损管理入手，促进员工自觉加强学习、增强本领、提高思想政治素质，把承担的工作完成好，把为客户办实事和提高营销工作能力结合起来，以实实在在的成效取信于民，提升国家电网公司"你用电、我用心"的服务理念。

第三章

台区线损分析应用软件设计

第一节　台区线损建模及预测分析软件

利用 K-means 进行台区合理线损值的计算原理，开发台区线损建模及预测分析软件，方便工作人员离线研究台区合理线损值的影响因素及合理线损值范围。

一、软件需求分析

软件需求分析包括数据统计需求、分区配置需求、线损建模需求和线损预测需求。

1. 数据统计需求

（1）用户可以任意添加、删除绘图属性数据。

（2）当用户添加属性数据时，存储绘图属性的表中的所有字段所对应的中文含义能够显示。

（3）绘图数据可从满足约束分区条件的台区提取。

（4）用户可以根据实际需求绘制某一属性的直方图，同时可设置所绘制的直方图的分组数。

（5）绘制的直方图能够保存；以后绘制同样的图时可直接显示。

（6）所绘制的直方图的统计结果能够在图上显示，即每组的台区个数能在图上显示。

2. 分区配置需求

（1）必须设置的分区约束：城区数据、农村数据；如同时设置即为农村城区混合数据。

（2）用户可以通过绘制观察直方图的方式设置分区约束的阈值，也可以不绘图而直接设置分区约束的阈值。

（3）用户可以自由添加、删除分区的约束条件。

（4）用户可以根据已经添加的约束条件，建立新的分区，或者修改已有分区的约束条件。

（5）当用户选中已分区时，分区的约束条件能够显示。

（6）已有分区的具体信息能够显示：分区名称、数据时间、数据的地域属性、台区数、最优聚类数、轮廓系数。

3. 线损建模需求

（1）用户可以自由添加、删除建模变量。

（2）当用户添加建模变量时，参与变量运算的字段以及字段所在的表名能够在相应的下拉框中显示，供用户选择。

（3）可以设置聚类数的范围、误差限范围。

（4）显示建模进度。

（5）返回轮廓细数、最优聚类数、聚类结果。

4. 线损预测需求

（1）用户可以对与建模数据分区约束一样但时间不同的数据进行预测。

（2）返回预测的合理台区与不合理台区。

二、 软件框架设计

（一）整体框架设计

软件整体采用 B/S 模式（Browser/Server，浏览器/服务器模式）。按照整体结构，后台服务器主要包括应用服务器、Matlab 服务器、Oracle 数据库服务器等，客户端为 Firefox、Chrome 等浏览器。以下分别从系统整体结构、软件架构、软件整体交互等三个方面描述本次的整体框架设计。

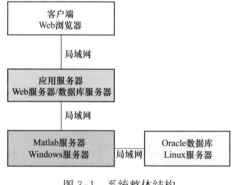

图 3-1　系统整体结构

1. 系统整体结构

整体结构包括客户端、应用服务器、Matlab 服务器、Oracle 数据库服务器四个部分，如图 3-1 所示，其中：

（1）客户端：可使用 Web 浏览器访问应用服务器，实现数据统计、分区配置、建模、预测和结果查看等客户端的具体需求。

（2）应用服务器：软件的关键部分。提供视觉展现功能，将数据统计、分区配置、建模、预测和结果查看等功能以 Web 接口的形式展现给客户端浏览器；提供核心业务逻辑功能，包括用户信息管理、用户认证、异步会话管理、Matlab 服务调用、业务逻辑管理、缓存管理等核心的后台管理功能；使用 MySQL 作为支撑应用的数据库。

（3）Matlab 服务器：提供数据统计、分区配置、建模、预测等核心功能，实现数据统计、分区配置、建模、预测等核心 Matlab 程序，并向应用服务器提供数据统计、建模、预测等基于 Web 的调用接口。通过访问 Oracle 数据库获得原始数据，使用 Tomcat 作为 Web 服务器。Matlab 服务器使用 Windows 操作系统。

（4）Oracle 数据库服务器：提供对所有线损相关原始数据的访问服务，数据库服务器使用 Linux 操作系统。

2. 软件架构

从系统整体结构来看，主体包括应用服务器和 Matlab 服务器两部分。以下分别给出应用服务器和 Matlab 服务器两部分的软件架构。

（1）应用服务器。其整体架构从上至下分为四层，分别是视图展现层、业务逻辑层、数据访问层、支撑服务层，如图 3-2 所示。

1）视图展现层：主要负责客户端浏览器的交互以及视觉展现，包括 Web 浏览器相关的 HTML、CSS、JavaScript 等相应功能组成。

2）业务逻辑层：主要包括线损建模和预测分析的核心业务逻辑功能，具体包括用户信息管理、用户认证、异步会话管理、Matlab 服务调用、业务逻辑管理、缓存管理等核心功能。其中，用户信息管理功能负责记录用户的一些设置以及结果，比如约束条件设置、建模设置、建模结果信息等；异步会话模块主要负责管理对交互要求较高的异步交互操作，包括 Matlab 执行进度更新等；业务逻辑管理则为系统的核心功能，主要负责整个线损分区的工作流确定、数据统计绘图、分区配置。分区建模以及预测一系列的功能；用户认证负责对用户身份的确认；Matlab 服务调用负责通过网络调用远端的 Matlab 数据选择、建模、预测等服务；缓存管理实现统计数据绘图的缓存，避免重新绘制。

3）数据访问层：主要功能为 MySQL 数据访问以及其他可能的数据访问接口。业务逻辑数据均使用 MySQL 作为后端存储，需通过数据访问层实现 MySQL 数据访问。

4）支撑服务层：提供应用服务器的数据库和 Web 等支撑服务。主要是利用 MySQL 作为支撑应用的数据库，利用特定的 Web 服务器提供客户端 Web 请求服务。

（2）Matlab 服务器：其整体架构从上至下分为三层，包括 Matlab Web 接口、Matlab 功能子程序、Matlab 支撑服务，如图 3-3 所示。

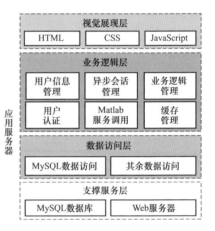

图 3-2　应用服务器的软件架构

1）Matlab Web 接口：以 Web 的形式封装 Matlab 数据选择、建模、预测等子程序，能够向上层提供数据选择、建模、预测等核心功能的 Web 调用接口。其中，对线损原始数据的访问需要通过 Oracle 数据库服务获得。

2）Matlab 功能子程序：基于 Matlab 编写线损在线分析应用的数据选择、建模、预测等核心子程序，分别实现线损在线分析应用的数据选择、建模、预测等核心功能。

3）Matlab 支撑服务：Matlab 计算服务作为支撑上层功能的计算服务，是实现 Matlab 功能子程序的基础。Web 服务器是 Matlab Web 接口的支撑服务。

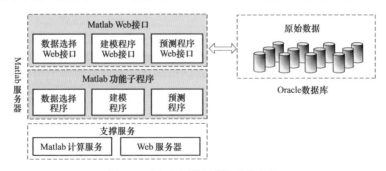

图 3-3　Matlab 服务器的软件架构

3．软件的整体交互

按照系统的整体结构，软件的整体交互可分为以下四个关键部分：

（1）客户端通过浏览器发出请求。

（2）应用服务器接收到请求，实现相应的业务逻辑，以 Web 接口的形式调用 Matlab 计算服务并获取相应计算结果，从而以适当的视觉展现形式（绘图、表格等）响应客户端请求。

（3）Matlab 服务器通过其提供的 Web 接口接收到应用服务器发出的数据统计、建模、预测等请求，通过 Oracle 数据库访问相应原始数据并作为其数据统计、建模、预测子程序的输入，调用相应的功能子程序并通过 Matlab 计算服务获得计算结果，以 Web 的形式返回结果给应用服务器。

（4）Oracle 数据库响应 Matlab 服务器的数据访问请求，并返回相应数据。

具体的交互流程可参照图 3-4 所示，其中客户端以 Web 请求的方式和应用服务器交互，应用服务器以 Web 方式向 Matlab 服务器发出数据统计、建模、预测等 Matlab 计算请求并获取计算结果。

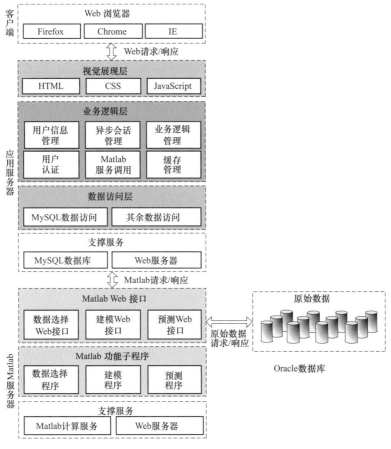

图 3-4 软件的整体交互图

从上述的整体框架可以看出，本次工作的核心为应用服务器和 Matlab 服务器两部分。其中，在 Matlab 服务器的部分，Matlab 接口设计是主要的难点；在应用服务器的部分，Web 服务器数据库设计是主要的难点。为此，以下分别给出 Matlab 接口设计和 Web 服务器数据库设计和实现的具体方案。

（二） Matlab Web 接口设计

以 Web 的形式封装 Matlab 数据选择、建模、预测等子程序，向应用服务器提供数据选择、建模、预测等核心功能的 Web 调用接口，以便应用服务器通过网络调用相关的 Matlab 计算服务。因此，Matlab 的 Web 接口设计较为关键，以下从技术思路、体系结构、实现方案等三个方面给出 Matlab Web 接口设计的设计和实现。

1. 技术思路

建模和预测所涉及的复杂数值计算均采用 Matlab 程序实现，需要使用 Matlab Java Builder 工具包将 Matlab 代码转化为 Java 类，在服务器端 Servlet、JSP 中去调用转化而来的 Java 类。系统以这种方式进行开发，能够充分发挥 Matlab 在数值计算上的强大优势以及 Java 在 Web 应用程序中的强大功能。

2. 体系结构

Matlab 服务器的 Web 接口可分为模型（Model）、控制（Controller）和视图（View）三层，其中模型层由 Matlab 实现，控制层由 Servlet 实现，视图层由 JSP 实现。Controller 层是 Model 与 View 间沟通的桥梁，它可以分派用户的请求并选择恰当的视图以用于显示，同时它也可以解释用户的输入并将它们传递到模型层，从而生成响应的动态数据。具体的交互关系可参照图 3-5。

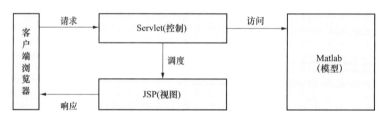

图 3-5　Matlab 的 Web 接口

3. 实现方案

（1）Matlab 文件包装为 Java 类：首先在 Matlab 命令窗口中敲入命令语句"deploytool"，执行后弹出 Deployment tool 窗口，新建一个 Deployment 工程，工程类型选择 MATAB Builder for Java，确定工程名称和存储路径后会弹出一个新的窗口，把编好的 M 文件拖放到工程的目录树下的类文件夹下。此时可以设置类的名称，设置好后编译工程，在存储的目录中会自动生成一个工程文件夹，文件夹下有两个子文件夹：distrib 和 src，其中 src 下有 M 文件对应的 Java 源码，distrib 是生成的 class 文件打包后的 JAR 文件。

（2）Web 应用程序中使用 Java 类：用户通过浏览器发送请求参数，控制层 Servlet 负责接收参数，并将参数进行包装后传递到模型层。具体步骤：

1）在 Servlet 中导入 MATLAB 提供的 Java Builder 包和之前 Matlab 文件包装成的 Java 类。

2）在 Servlet 中实例化之前中生成的 Java 类。

（3）在 Servlet 的处理函数 doGet 或 doPost 中编写处理客户请求的代码，首先通过调用 request 对象的方法 getParameter 来获取用户请求参数，Servlet 中的实参不能直接和 M 文件生成的 Java 类的函数的形参进行传递，必须先通过 MWNumericArray 类来把要传递的实参构造为 MWNumericArray 对象，然后再将 MWNumericArray 对象作为实参传递到被调用的 M 文件的函数中。函数返回一个 Object 类型的对象，将其进行强制类型转化成 MWJavaObjectRef 类型的对象，调用其成员函数 get() 获得 Matlab 实际返回的参数。

（三）Web 服务器数据库设计

Web 服务器端数据库和整个系统的业务逻辑密切相关，主要为系统业务的顺利执行提供保障。Web 服务器端数据库主要包括：

（1）用户表 Users：用户表主要用于存放用户信息，被授权用户方可访问系统，进行后续的操作，password 存放用户密码的摘要值，增加了系统的安全性，见表 3-1。

表 3-1　　　　　　　　　　　　　　用户表 Users

名称	类型	可为空	键	备注
id	Int	NO	PK	自增 ID
username	Varchar	NO	UK	用户名
password	Varchar	NO		用户密码的 md5 摘要

（2）分区表 Partitions：主要存放用户划分的分区信息。系统初始情况下，台区数、聚类信息以及轮廓系数均为空，完成聚类计算后，信息将会补全至表 3-2 中。

表 3-2　　　　　　　　　　　　　　分区表 Partitions

名称	类型	可为空	键	备注
id	Int	NO	PK	自增 ID
time	Datetime	NO		时间
name	Varchar	NO	UK	分区名称
number	Int	YES		台区数
cluster	Number	YES		最优聚类数
silhouette	Number	YES		轮廓系数
user _ id	Int	NO	UK	用户 ID

（3）绘图数据属性表 Draw _ Properties：该表存放用户绘图操作时的相关属性，用户添加的新属性将会存放至表 3-3 中。

表 3-3　　　　　　　　　　　　　绘图数据属性表 Draw _ Properties

名称	类型	可为空	键	备注
id	Int	NO	PK	自增 ID
table _ name	Varchar	NO	UK	独立
field _ name	Varchar	NO	UK	独立
name	Varchar	NO		显示名称

（4）分区约束表 Partition _ Constraints：用户根据绘图后的结果，存放某一属性的需要范围，用户只可修改自己所管理的约束条件，见表 3-4。

表 3-4　　　　　　　　　分区约束表 Partition _ Constraints

名称	类型	可为空	键	备注
id	Int	NO	PK	自增 ID
property _ id	Int	NO		属性表中对应属性的 ID
from	Number	NO		范围起点
to	Number	NO		范围终点
user _ id	Int	NO		用户 ID

（5）分区与分区关系约束的关系表 Partition _ Partition _ Constraints：该表为分区和分区约束的多对多关系表，根据表 3-5 和表 3-2（分区表）可以在聚类是确定相应属性的范围空间。

表 3-5　　　　分区与分区关系约束的关系表 Partition _ Partition _ Constraints

名称	类型	可为空	键	备注
p _ id	Int	NO	PK	主键
pc _ id	Int	NO		

各表之间的实体-联系图（Entity Relationship Diagram，ER）如图 3-6 所示。

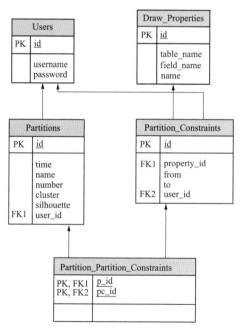

图 3-6　表间的 ER 图

三、软件功能模块

1. 登录主页功能

功能 1：用户登录。用户输入用户名密码后进行登录，如果用户名密码错误，将会有相应的提示，界面如图 3-7 所示。

图 3-7　用户登录界面

功能 2：主页信息。用户登录完成后，将会跳转到主页，主页提供了当前分区的一些状态，如分区名称、分区时间等信息。同时，主页也提供了进入绘图统计、添加分区条件、分区配置、自变量配置、聚类回归配置、预测、结果查看等页面的功能，界面如图 3-8 所示。

图 3-8　主页界面

2. 统计绘图功能

针对条件选中的原始数据进行绘图和显示。本功能包含以下子功能：

功能 1：添加或删除绘图数据源。点击添加绘图数据源按钮后即可进行绘图数据源添加，输入显示名称、表名和字段名后即可完成数据源的添加。

功能 2：设定选择原始线损数据的条件并进行绘图。原始数据的条件包含数据源、城市农村配置信息、数据时间以及分组数，设置完成后，点击绘图按钮，即可绘制相应数据的直方图，界面如图 3-9 所示。

功能 3：设置特定的条件并作为分区配置的条件。在功能 2 的基础上，本功能需要用户设置限制条件，从而缩小绘图数据的来源，界面如图 3-10 所示。

功能 4：根据绘图结果设置分区限制条件。用户可以根据绘图的结果，设置分区范围的上下界。如果不指定上界，则从负无穷开始，同理，如果不指定下界，则到正无穷为止，界面如图 3-11 所示。

3. 添加分区限制条件

用户可以直接为分区设置限制条件，从下拉框中选择限制条件需要添加在哪个变量

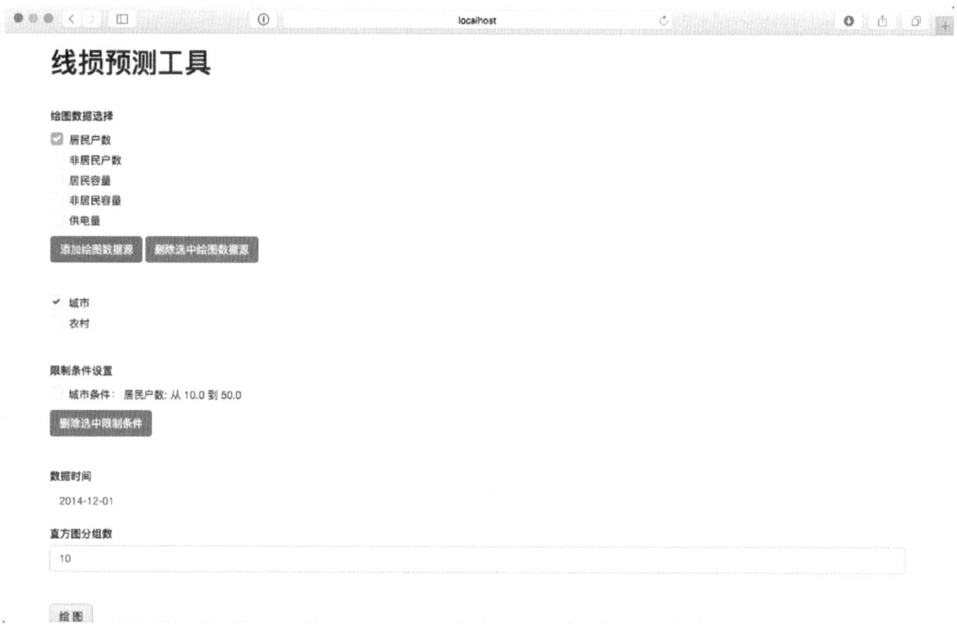

图 3-9 设置原始数据界面

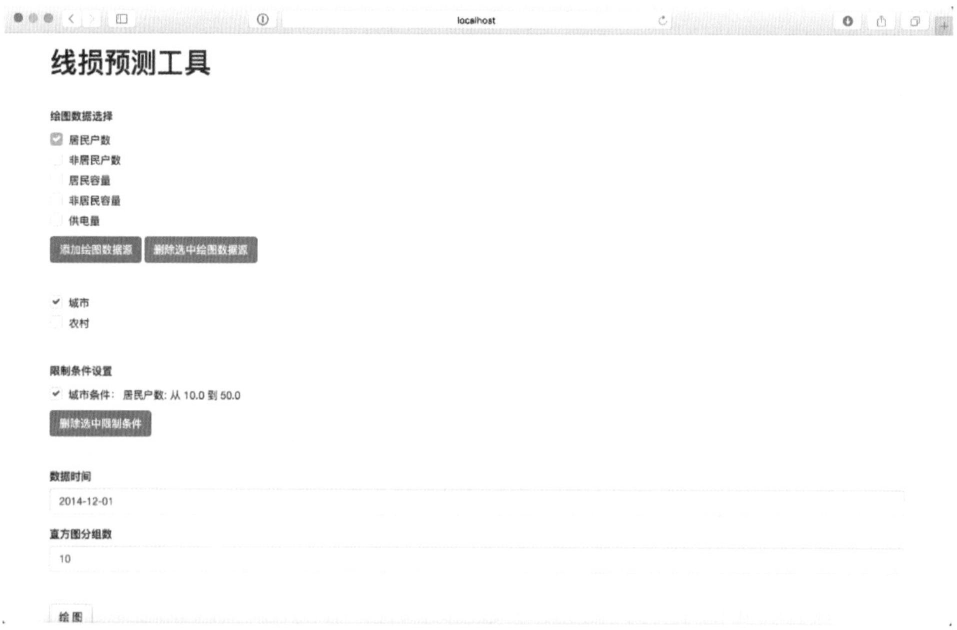

图 3-10 设置条件界面

上，选择农村、城市配置，制定数据范围，用户可以根据绘图的结果，设置分区范围的上下界，如果不指定上界，则从负无穷开始，同理，如果不指定下界，则到正无穷为止。单击确定按钮后即可添加该限制条件，如图 3-12 所示。

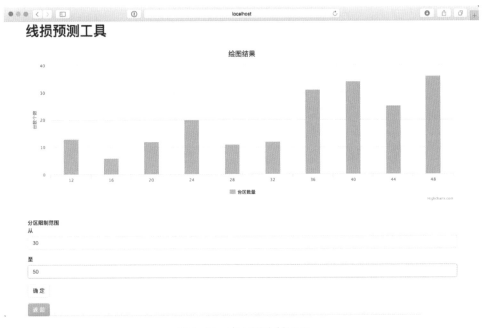

图 3-11　直方图绘制界面

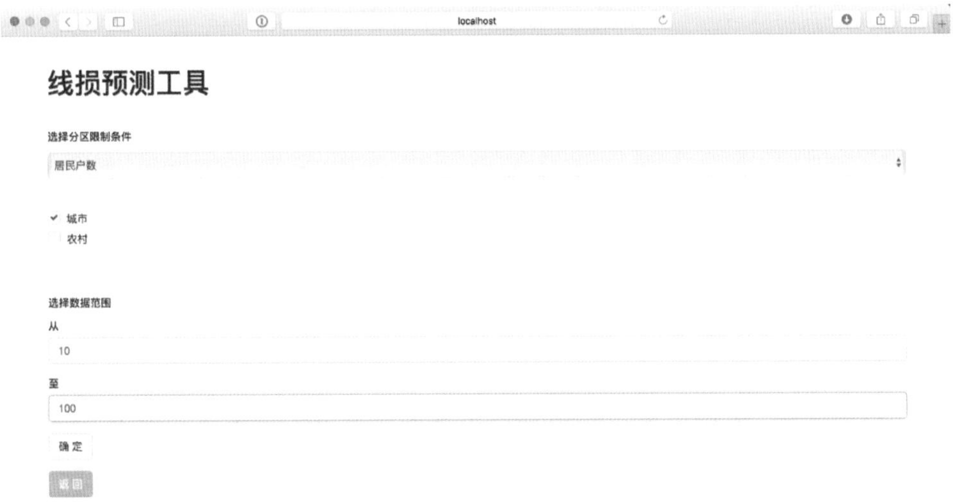

图 3-12　添加分区界面

4. 分区配置功能

针对原始数据的属性进行条件选择，设定和保存相应的分区。

功能 1：新增分区。当下拉菜单选中"新增分区"选项时，则为新增分区。用户需要输入对应的分区信息，如分区名、时间日期、城市、农村配置以及分区条件，并单击确定按钮来进行分区信息保存，界面如图 3-13 所示。

功能 2：修改现有分区。当下拉菜单选中一个已有的分区时，则可对该分区进行修改，单击确定按钮即可保存新的分区配置信息，界面如图 3-14 所示。

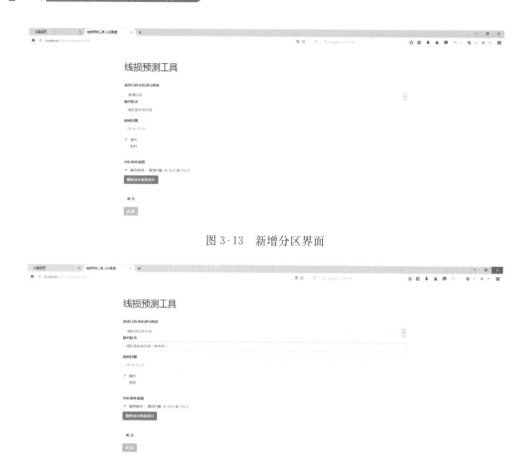

图 3-13　新增分区界面

图 3-14　修改分区界面

5. 自变量配置功能

用户可以通过自变量配置功能来配置建模中所使用的自变量。

功能 1：添加自变量。当下来菜单处于新增自变量选项时，用户可以添加新的建模自变量。用户需要输入的信息包括显示名称、表达式以及表。其中表达式支持同库中的表中的字段的运算，表则为表达式中字段出现的所有的表的表名，表名之间用逗号隔开。

功能 2：修改自变量。当下拉菜单处于一个已经存在的自变量时，用户可以修改该自变量，点击确定后完成修改。

6. 建模功能

建模功能包括以下子功能：

（1）在各个分区内，对影响数据样本进行聚类。

（2）针对每个分区中各个类的营销数据，建立线损率与动态及静态营销参量之间的回归模型。

功能 1：配置建模。用户需要配置以下的建模数据来进行建模，如图 3-15 所示。

（1）建模分区数据：勾选需要参与建模分析的分区数据。

（2）K_1，K_2：K 聚类中 K 的范围，其中 $K_1 \leqslant K \leqslant K_2$。

（3）建模自变量：勾选参与建模的自变量，即根据该自变量来计算欧几里得距离。

（4）误差限制：输入误差限制，单位为％。点击开始聚类后即开始聚类分析。

图 3-15　配置建模界面

功能2：建模状态。建模开始后将实时显示 Matlab 返回的建模状态信息，提示建模的进度，界面如图 3-16 所示。

图 3-16　建模状态界面

功能3：建模结果显示。建模结束后，输出建模的结果，结果包含每个分区对应的最佳聚类数以及轮廓系数，界面如图 3-17 所示。

图 3-17　建模结果显示界面

7. 预测功能

预测功能包括以下子功能：

(1) 确定待预测样本的分区。

(2) 建立基于类心距离的分类器，确定待预测样本在特定分区内的类。

(3) 采用该类回归模型计算其线损率预测值，并评价其合理性。可以预测判断台区每天的线损率并给出合理的线损率区间，然后根据实际线损率可以判断该台区线损是否合理。

功能1：预测配置。在下拉菜单中根据建模时间来选择预测所用的建模数据。并在此模型的基础上，选择将要预测的分区、自变量以及要预测数据的时间段。单击开始预测按钮开始进行预测计算，界面如图3-18所示。

图 3-18　预测配置界面

功能2：预测结果显示。在预测完成后，将会显示对应的预测结果，结果包含类别、合理台区数和不合理台区数，界面如图3-19所示。

图 3-19　预测结果显示界面

8. 结果查询功能

提供对建模和预测结果的查看和查询。用户可以在结果查询功能中查询建模产生的中间结果以及预测的结果信息。

四、 软件说明

1. 软件开发工具

Java 是一种可以撰写跨平台应用程序的面向对象的程序设计语言。Java 技术具有卓越的通用性、高效性、平台移植性和安全性，广泛应用于 PC、数据中心、游戏控制台、科学超级计算机、移动电话和互联网，同时拥有全球最大的开发者专业社群。

Scala 是一门多范式的编程语言，一种类似 Java 的编程语言，设计初衷是实现可伸缩的语言并集成面向对象编程和函数式编程的各种特性。

Matlab 是美国 MathWorks 公司出品的商业数学软件，用于算法开发、数据可视化、数据分析以及数值计算的高级技术计算语言和交互式环境，主要包括 Matlab 和 Simulink 两大部分。

Tomcat 是 Apache 软件基金会的 Jakarta 项目中的一个核心项目。Tomcat 服务器是一个免费的开放源代码的 Web 应用服务器，属于轻量级应用服务器，在中小型系统和并发访问用户不是很多的场合下被普遍使用。

MySQL 是一个关系型数据库管理系统，在 Web 应用方面 MySQL 是最好的关系数据库管理系统（Relational Database Management System，RDBMS）应用软件之一。

2. 软件部署说明

（1）Matlab 服务器端部署：Matlab2015，Java1.7，Apache Tomcat 8。

（2）Web 服务器部署：Apache Tomcat 8，MySQL 5。

（3）Matlab 服务器运行环境：Windows 操作系统。

（4）Web 服务器运行环境：Windows/Linux 操作系统。

（5）客户端运行环境：Windows/Linux 操作系统，Firefox 或 Chrome 浏览器。

第二节　台区线损在线分析应用软件

一、 系统研制

台区线损在线分析应用软件主要由台区线损管理和台区统一视图两部分构成。其中台区线损管理包括台区日线损统计和月度统计，台区统一视图包括台区基本信息、月线损、日线损、台区异常、理论线损计算和维护日志等功能，并引入了合理值计算模型。

二、 需求设计

台区线损是以供电销售效益为目标的综合管理线损，低压供电线路的电能传输损耗（通常称为技术线损）仅是其组成部分之一，另外还包括计量偏差（误差、故障、差错）、无表计量用电、未进入计量的不正常用电等用电管理问题带来的线损，以及必要的供电设施自身损耗（电能表计、电气开关、配电箱指示和保护装置）、线路泄漏电能

（绝缘、接地）等设备损耗。系统提供台区日线损统计及月度统计功能，将全省台区根据月度线损率按照管理目标分为 A、B、C、D 四个等级，外加一个无关口的 F 级，提供台区列表查询功能，采集系统每日计算线损的合理值，每月计算台区月度等级。通过系统提供台区统一视图查询单个台区日基本档案，日、月采集线损、营销月线损以及智能诊断台区异常的原因。

三、 系统设计

系统架构如图 3-20 所示。

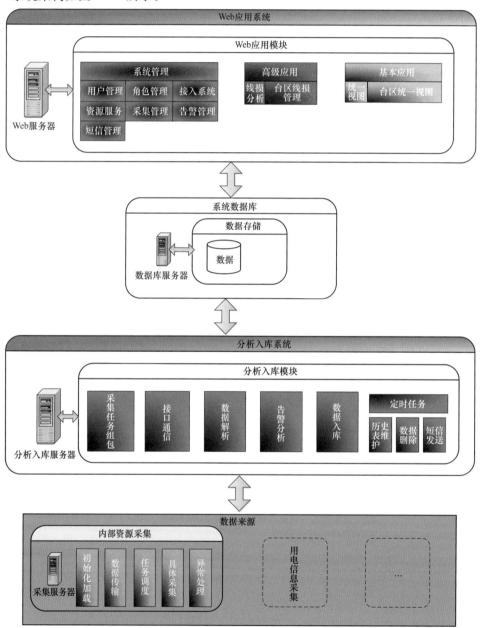

图 3-20　系统架构

Web 应用部署在一台服务其中的 weblogic 中，所有接入系统的数据在此应用中展现。包括系统管理、综合查询和监控中心，其中系统管理和综合查询通过 ext 展现，监控中心通过 flex 展现。

系统使用的数据库单独部署到一台数据库服务器中，不管是内部采集机采集的数据还是外部接入系统接入的数据都要统一入到此数据，再进行数据的分析和展现。

分析入库服务部署在单独的一台 weblogic 服务器中，主要分为：采集任务组包、接口通信、数据解析、告警分析、数据入库和定时任务六大模块。所有的监控指标都要通过数据传输接口接入到分析入库服务中，进行集中分析、告警入库。

数据来源分为内部数据采集和外部系统接入，内部数据采集通过获取分析入库服务传入的采集任务信息进行采集，并经过数据传输接口发送到分析入库服务；而外部接入系统通过第一次向分析入库服务注册并获得需要提供的数据任务，获取数据并发送到分析入库服务中。

用电信息采集台区线损管理采用多层架构设计，可分为界面展示层、应用服务层、业务逻辑层、数据层、接口层等，技术架构如图 3-21 所示。

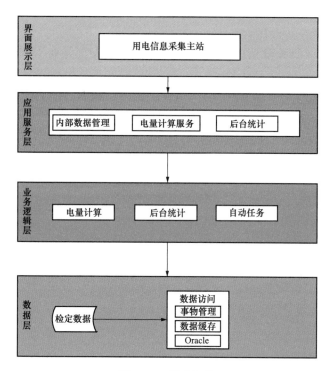

图 3-21 技术架构

（1）界面展示层：采用 BS 的形式，以统计及明细的界面向用户展示台区线损管理及台区统一视图等。

（2）应用层服务层：为了降低各个逻辑模块之间的耦合程度，设计了系统的应用服务层，为系统内部数据管理、电量的计算服务、后台的统计等相关业务系统提供服务。

（3）业务逻辑层：电量计算、后台统计、自动任务。

（4）数据层：数据层采用 Oracle，用 Spring＋Ibatis 技术实现数据读取，同时采用事务处理保障数据的一致性，采用数据缓存机制来保证服务的性能。

四、 功能设计

(一) 台区线损管理

台区线损管理模块功能如图 3-22 所示。

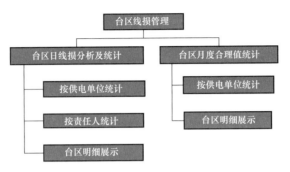

图 3-22　台区线损管理模块功能

1. 台区日线损分析及统计

该页面展示当前所查日期的台区分类统计信息，仅统计有 PMS 标志的公用配电台区。

(1) 按供电单位统计。按供电单位、城网/农网、新上台区、数据日期等条件，查询按供电单位统计台区总数，合格台区（A＋B）数，小电量台区（D）数，不合格台区（C）数，无关口台区（F）数，上月 A 类台区数，A 类本月异常台区数等统计数字，明细信息及导出功能，界面如图 3-23 所示。

	供电单位	台区总数	合格台区(A+B)数	小电量台区(D)数	不合格台区(C)数	无关口台区(F)数	上月A类台区数	A类本月异常台区数
1	合计	18894	15292	554	3013	35	10597	414
2	××供电公司市区	16712	13242	465	2970	35	9088	364
3	×××供电所	247	238	6	3	0	172	5
4	×××供电所	182	170	9	3	0	120	4
5	××供电所	250	237	10	3	0	197	4
6	××供电所	258	242	12	4	0	182	2
7	×××供电所	101	97	3	1	0	74	1
8	×××供电所	113	109	2	2	0	90	2
9	×××供电所	142	137	2	3	0	102	2
10	××供电所	39	39	0	0	0	32	1
11	××供电所	128	123	3	2	0	105	4
12	××供电所	329	297	24	8	0	211	8

图 3-23　按供电单位统计界面

(2) 按责任人统计。按供电单位、城网/农网、新上台区、数据日期和责任人工号等条件，查询按责任人统计台区总数、合格台区（A＋B）数、小电量台区（D）数、不合格台区（C）数、无关口台区（F）数、上月 A 类台区数、A 类本月异常台区数等统计数字，明细信息及导出。需选择区县级别供电单位和城网条件，界面如图 3-24 所示。

图 3-24　按责任人统计界面

输入责任人工号查询，界面如图 3-25 所示。

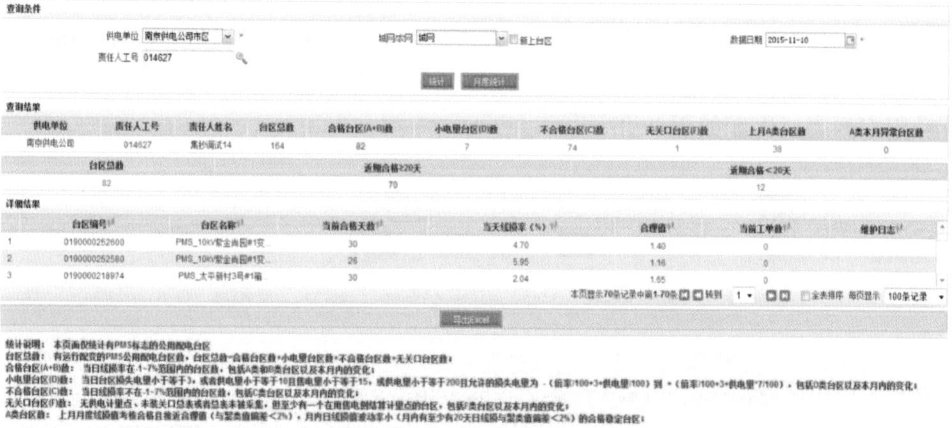

图 3-25　责任人精确查询界面

（3）台区明细展示。按主页面查询条件，点击统计数字，展示对应的台区明细列表信息及导出功能。

2. 台区月度合理值统计

按供电单位、城网/农网和数据日期等条件，统计合理值的月度统计，明细信息及导出功能。

（1）按供电单位统计。按供电单位、城网/农网和数据日期等条件，统计合理值的月度统计数据。

（2）台区明细展示。按主页面查询条件，点击统计数字，展示对应条件的台区明细列表信息及导出功能。

（二）台区统一视图

台区统一视图功能如图 3-26 所示。

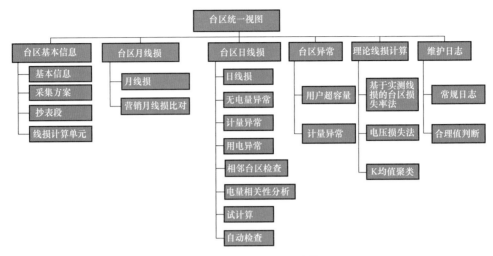

图 3-26　台区统一视图功能

1. 台区基本信息

（1）基本信息。通过台区编号查询该台区的相关信息和线损数据，帮助分析台区档案、设备、线损异常等，查询该台区基本信息，变压器信息，用户（顶级计量点）数量统计和用户列表，界面如图 3-27 所示。

图 3-27　基本信息界面

（2）采集方案。查询本台区下用户所挂接的所有终端及该终端下其他台区的用户信息，界面如图 3-28 所示。

（3）抄表段。询台区下电表所属抄表段及该抄表段下其他台区电表信息，界面如图 3-29 所示。

（4）线损计算单元。包括：

1）已参与计算对象。默认查询日期（当前日期前三天）时参与计算电量及线损的用户列表。

2）未参与计算对象。台区下未参与计算的用户列表。

| 基本信息 | 采集方案 | 抄表段 | 线损计算单元 |

线端资产号	线端型号	电表数	本台区电表数	非本台区电表数	操作
05-0210-1872	DJ-GZ24	105	102	3	查看结构图
05-3524-8879	DC-GL14	4	3	1	查看结构图
05-3526-2513	DC-GL14	2	1	1	查看结构图

查询列表

	电表局编号	用户编号	用户名称	用电地址	段序号	用电性质	计量点容量	倍率/接线方式	线端资产号	台区编号	台区名称
1	0200868832	0152993118	皇甫春风	汇景北路82号	1600	商业用电	8	单相	05-3524-8879	0190000205740	PMS_10kV汇景家园#30
2	A108015857	0150150542	南京景汇建设有	夹河汇景家园汇吉苑15幢1		非工业	32	三相四线	05-3524-8879	0190000205740	PMS_10kV汇景家园#30
3	A108016111	0150150543	南京景汇建设有	夹河汇景家园汇吉苑15幢2		非工业	32	三相四线	05-3524-8879	0190000205740	PMS_10kV汇景家园#30
4	0200870403	0152993119	南京景汇建设有	汇景家园汇吉苑15幢88号门	1601	商业用电	8	单相	05-3524-8879	0190000205738	PMS_10kV汇景家园#37

本页显示4条记录中第1-4条 转到 1 ▼　□全表排序 每页显示 1000条记录 ▼

导出Excel

图 3-28　采集方案界面

| 基本信息 | 采集方案 | 抄表段 | 线损计算单元 |

抄表段号	段内电表数	本台区电表数	非本台区电表数	抄表员工号	抄表员名
0101869712	1690	105	1585	012712	何正群

查询列表

	电表局编号	用户编号	用户名称	用电地址	段序号	用电性质	计量点容量	倍率/接线方式	线端资产号	台区编号	台区
1	0200513323	0150148091	南京景汇建设有	夹河汇景家园汇吉苑15幢1	1590	城镇居民生活用电	8	单相	05-0210-1872	0190000205740	PMS_10kV汇景家
2	0200561948	0150148147	南京景汇建设有	夹河汇景家园汇吉苑15幢2	1653	城镇居民生活用电	8	单相	05-0210-1872	0190000205740	PMS_10kV汇景家
3	0200868832	0152993118	皇甫春风	汇景北路82号	1600	商业用电	8	单相	05-3524-8879	0190000205740	PMS_10kV汇景家
4	1513659721	0150148065	南京景汇建设有	夹河汇景家园汇吉苑15幢2	1564	城镇居民生活用电	8	单相	05-0210-1872	0190000205740	PMS_10kV汇景家
5	1525579766	0150148115	南京景汇建设有	夹河汇景家园汇吉苑15幢2	1621	城镇居民生活用电	8	单相	05-0210-1872	0190000205740	PMS_10kV汇景家
6	1525579767	0150148144	南京景汇建设有	夹河汇景家园汇吉苑15幢2	1650	城镇居民生活用电	8	单相	05-0210-1872	0190000205740	PMS_10kV汇景家
7	1525579769	0150148111	南京景汇建设有	夹河汇景家园汇吉苑15幢2	1617	城镇居民生活用电	8	单相	05-0210-1872	0190000205740	PMS_10kV汇景家
8	1525579770	0150148112	南京景汇建设有	夹河汇景家园汇吉苑15幢2	1618	城镇居民生活用电	8	单相	05-0210-1872	0190000205740	PMS_10kV汇景家
9	1525579771	0150148127	南京景汇建设有	夹河汇景家园汇吉苑15幢2	1633	城镇居民生活用电	8	单相	05-0210-1872	0190000205740	PMS_10kV汇景家

本页显示105条记录中第1-105条 转到 1 ▼　□全表排序 每页显示 1000条记录 ▼

导出Excel

图 3-29　抄表段界面

3）零电量。查询台区下用电量为零用户列表（参照"计量在线监测-用户用电异常-月电量异常-为零"信息）。

4）无表计量。查询出台区下无计量设备的定比电量用户信息。

5）计算单元变更。查询台区下日期区间内增、删、换表信息。

2. 台区月线损

（1）月线损。默认查询台区的近 12 个月月线损数据，点击图表上月柱状图或数据栏内的线损链接，可以查询该月的日线损数据，界面如图 3-30 所示。

（2）营销月线损比对。基于营销系统中台区的档案和抄表周期，同维度比对用电信息采集系统中的计量周期中电量和线损信息，点击图表上月份柱状图或数据栏内的线损链接，可以查询该抄表周期内台区下用户的详细比对信息，界面如图 3-31 所示。

3. 台区日线损

查询台区日线损数据集影响日线损的各事件信息。

（1）日线损。查询台区近三十天的日供电量、日售电量、日损失电量、日线损率、日合理值，界面如图 3-32 所示。

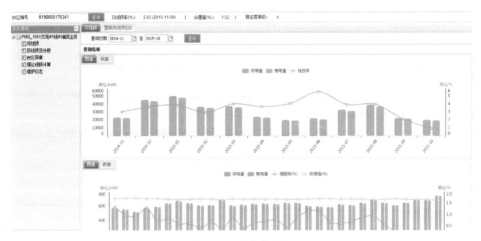

图 3-30　月线损界面

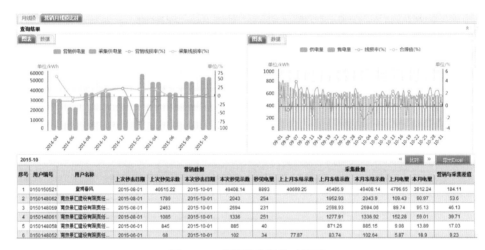

图 3-31　营销月线损比对界而

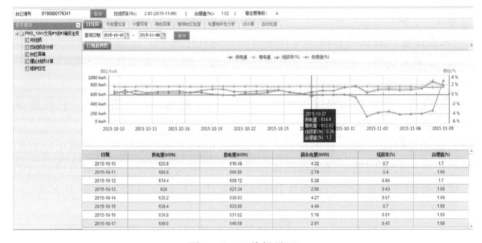

图 3-32　日线损界面

（2）无电量检查。查询有示数突变，反向示数增长，零示数，采集失败，校核无效，后期补采未参与等异常事件的用户及电能表信息。

（3）计量异常。查询电能表Ⅱ、Ⅲ象限示值增长，电能表失压、电能表失流等异常事件的电能表信息。

（4）用电异常。查询台区下有三相不平衡超限、开盖变化、功率因素超低限、超容用电等异常事件的用户电能表信息。

（5）相邻台区检查。查询相邻台区中，电量损失与电量增加相互匹配的台区，核查相关台区中有无户变关系错误导致串台区现象。

（6）电量相关性分析。查询日期区间内台区下所有用户的电量信息及勾选需要计算的用户、日期来计算与台区电量的相关性（皮尔逊相关系数），界面如图 3-33 所示。

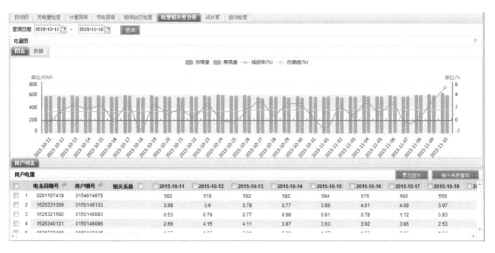

图 3-33 电量相关性分析界面

（7）试计算。将需要计算的用户勾选，试计算台区线损，并保存计算结果，界面如图 3-34 所示。

图 3-34 试计算界面

（8）自动检查。查询台区下日期区间内线损计算单元的变更信息列表，包含零电量、无表计量、增删换表等，界面如图 3-35 所示。

图 3-35　自动检查界面

4. 台区异常

（1）用户超容量。查询台区下日期区间内有用户超容用电异常事件的信息。

（2）计量异常。查询台区下有计量设备异常事件的信息。

5. 理论线损计算

根据基于实测线损的台区损失率法，电压损失法，K均值类算法计算台区的理论线损。

（1）基于实测线损的台区损失率法。

（2）电压损失法。根据首端、末端电压及导线抗阻比等信息计算台区理论线损率值。

（3）K均值聚类。根据台区编号、台区的变压器容量、供电量、居民容量等，计算台区合理值。

6. 维护日志

维护日志的功能包括台区的常规日志的维护，合理值判断的日志维护，后期的日志导出统计等。

（1）常规日志。提供责任人对台区维护日志记录和台区相关信息文件上传，包含新增、修改、删除和全日志导出功能。

（2）合理值判断。提供责任人对台区合理值记录的维护日志，包含新增、修改、删除和全日志导出功能。

第二篇

线损典型案例

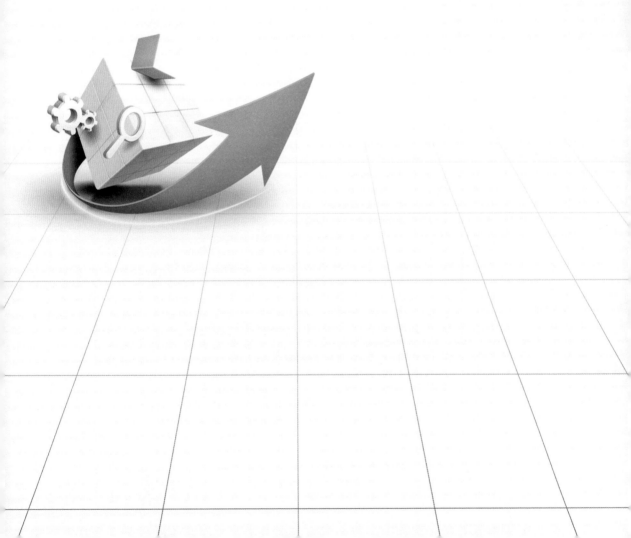

第四章

档　案

主要介绍了因关口或客户档案错误影响线损计算的典型案例，内容涉及关口或客户倍率错误、户变关系问题、电源个数与现场不一致、现场有表系统无户、关键字段档案不正确等。通过问题的发现和整改，提高了各类营销业务流程的规范性，实现营销精细化管理。

第一节　TA 变比有误

案例 1　关口户现场倍率与系统倍率不一致

◎**案例现象**　××公共台区（台区编号：0000016644）持续负线损。

（1）线损率不达标典型日线损图，如图 4-1 所示。

图 4-1　××公共台区 2014 年 9 月 12 日线损率不达标

（2）连续至少 30 天历史线损曲线图，如图 4-2 所示。

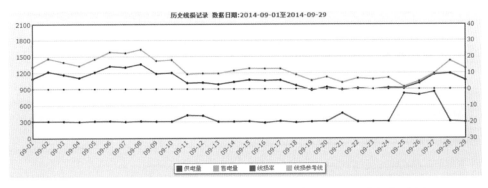

图 4-2　××公共台区 2014 年 9 月 1 日至 2014 年 9 月 29 日线损率不达标

◎**核查结论**　根据线损率不达标典型日 2014 年 9 月 12 日的基本信息如图 4-3 所示，台区容量为 400kVA，关口户倍率为 100。根据 TA 配置要求，二次电流 $[400/(\sqrt{3}\times$

$0.4)]\div 5 = 115.47$A，应配置变比为 600/5 的 TA，当前用电信息采集系统显示 TA 倍率为 100，如图 4-3。根据 120 的倍率还原供电量应为 $1017\times120\div100 = 1232.4$kWh，则还原线损为：$(1232.4 - 1193.34)\div1232.4 = 3.17\%$，初判系统倍率和现场倍率不一致。首次现场核实时发现现场看不到铭牌，不具备测量条件，但从 TA 外观型尺寸看，现场是变比为 500/5 的 TA，需申请停电查看。

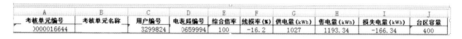

A	B	C	D	E	F	G	H	I	J
考核单元编号	考核单元名称	用户编号	电表局编号	综合倍率	线损率(%)	供电量(kWh)	售电量(kWh)	损失电量(kWh)	台区容量
0000016644		3299824	0659994	100	-16.2	1027	1193.34	-166.34	400

图 4-3　××公共台区用电信息采集系统内综合倍率

◎**整改措施**　申请停电查看 TA，确认现场 TA 变比为 600/5，更正系统 TA 倍率。

◎**整治效果**　台区线损明显下降，恢复至达标状态，如图 4-4 所示。

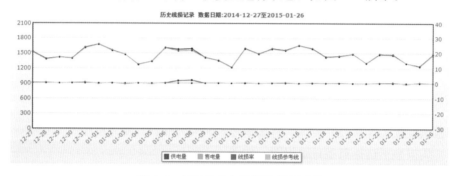

图 4-4　××公共台区线损率达标图

案例2　关口三相互感器现场非同组同型

◎**案例现象**　××公共台区（台区编号：0100001493），持续负线损。

（1）线损率不达标典型日线损图，如图 4-5 所示，该台区负线损，电量高达负 69.59kWh。

图 4-5　××公共台区 2014 年 9 月 10 日线损率不达标

（2）连续至少 30 天历史线损曲线图，如图 4-6 所示。

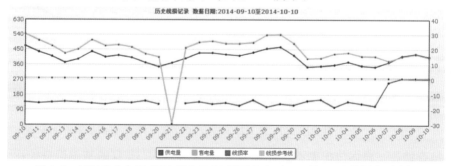

图 4-6　××公共台区 2014 年 9 月 10 日至 2014 年 10 月 10 日线损率不达标

◎**核查结论**　抄表员多次核查户变关系，排除用户电能表超差后怀疑关口表互感器变比存在问题。经现场检查，关口户现场实际倍率为 U 相 100（500/5），V 相 160（800/5），W 相 100（500/5），当前关口户营销系统倍率为 100（500/5）。

◎**整改措施**　现场把 V 相互感器换成 500/5。

◎**整治效果**　台区线损恢复正常，如图 4-7 所示。

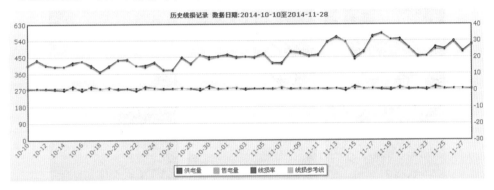

图 4-7　××公共台区线损率达标图

案例 3　客户营销系统倍率与现场倍率不一致

◎**案例现象**　××公共台区（台区编号：0000012615），持续高线损。

（1）线损率不达标典型日线损图，如图 4-8 所示，该台区 100% 采集成功，但线损为正，日损失电量高达 252.90kWh。

图 4-8　××公共台区 2014 年 9 月 10 日线损率不达标

（2）连续至少 30 天历史线损曲线图，如图 4-9 所示。

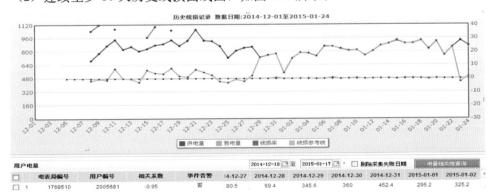

图 4-9　××公共台区 2014 年 12 月 1 日至 2014 年 1 月 24 日线损率不达标

◎**核查结论**　客户（客户编号：2005681）现场倍率为 60：U 相 TA（资产编号：0011740），V 相 TA（资产编号：0011741），W 相 TA（资产编号：0011742），如图 4-10所示，当前客户营销系统倍率为 10：U 相 TA（资产编号：C006459）、V 相 TA（资产编号：C006447）、W 相 TA（资产编号：C006259），如图 4-11 所示。

图 4-10　××客户现场 TA 资产编号和变比情况

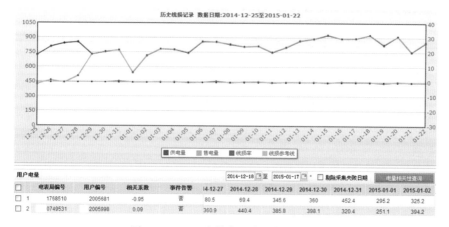

图 4-11　××客户营销系统 TA 资产编号和变比情况

◎**整改措施**　营销系统发起改类流程（流程编号：300047274）。

◎**整治效果**　自 2014 年 12 月 29 日起台区线损明显下降，如图 4-12 所示。

图 4-12　××公共台区线损率达标图

第二节 户变关系有误

案例 4 关口挂接关系有误，倍率相同

◎**案例现象** A 公共台区（台区编号：0000007343），B 公共台区（台区编号：0000007344）线损一正一负。

（1）线损率不达标典型日线损图，如图 4-13 所示。

图 4-13 A、B 公共台区 2015 年 1 月 15 日线损率不达标

（2）连续至少 30 天历史线损曲线图，如图 4-14 所示。

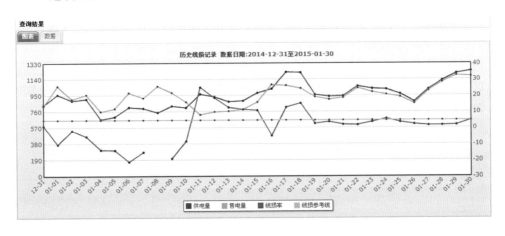

图 4-14 B 公共台区 2014 年 12 月 31 至 2015 年 1 月 30 日线损率不达标

◎**核查结论** 2015 年 1 月 13 日现场核实发现，A、B 台区下关口表与台区对应关系错位，见表 4-1。

表 4-1 A、B 台区下关口表与台区对应关系

项目	考核单元编号	考核单元名称	客户编号	电表局编号	综合倍率	线损率（%）	供电量（kWh）	售电量（kWh）	损失电量（kWh）
变表错位	0000007343	A	2295912	0658906	240	−11.61	780	870.52	−90.52
	0000007344	B	2295913	0409304	240	12.6	878.4	767.7	110.7

续表

项目	考核单元编号	考核单元名称	客户编号	电表局编号	综合倍率	线损率（%）	供电量（kWh）	售电量（kWh）	损失电量（kWh）
2014 年 1 月 13 日典型日，关口表交换前后线损率									
变表纠错后	0000007343	A	2295913	0409304	240	0.9	878.4	870.52	7.88
	0000007344	B	2295912	0658906	240	1.58	780	767.7	12.3

◎**整改措施**　修改关口表的挂接关系。

◎**整治效果**　A 台区线损恢复至 2.26%，B 台区线损恢复至 0.22%，如图 4-15 所示。

图 4-15　A、B 公共台区线损率达标图

案例 5　关口挂接关系有误，倍率不同

◎**案例现象**　A 公共台区（台区编号：0000214588），B 公共台区（台区编号：0000213790）持续高线损。

（1）线损率不达标典型日线损图，如图 4-16 所示。2014 年 12 月 17 日，发现这两个台区在采集 100% 成功的情况下线损率分别为 13.55%、25.6%，损失电量分别达到 151.71、71.27 kWh。

图 4-16　A、B 公共台区 2014 年 12 月 17 日线损率不达标

（2）连续至少 30 天历史线损曲线图，如图 4-17、图 4-18 所示。

◎**核查结论**　A 公共台区（台区编号：0000214588）、B 公共台区（台区编号：0000213790）这两个台区的关口表所属台区错误，由于这两台配电变压器的互感器变比不同，更加大了供电量的差异，造成线损异常。

◎**整改措施**　修改关口表的户变关系。

◎**整治效果**　自 2014 年 12 月 25 起，A、B 台区线损恢复正常，如图 4-19、图 4-20 所示。

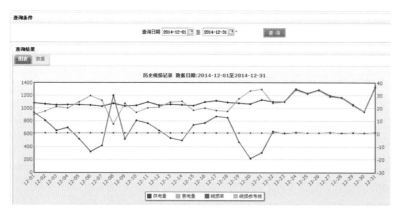

图 4-17 A 公共台区 2014 年 12 月 1 日至 2014 年 12 月 31 日线损率不达标

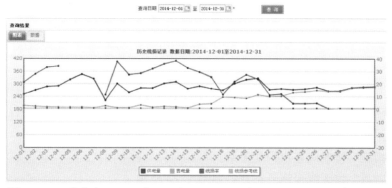

图 4-18 B 公共台区 2014 年 12 月 1 日至 2014 年 12 月 31 日线损率不达标

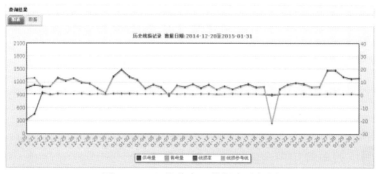

图 4-19 A 公共台区线损率达标图

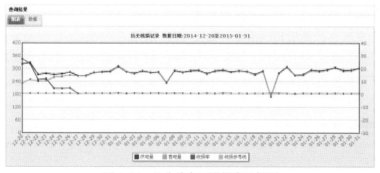

图 4-20 B 公共台区线损率达标图

案例6 单电源客户台区挂接有误 --

◎**案例现象** ××公共台区（台区编号：0000214653），台区线损月平均合格天数大于20天，但是会偶尔出现负线损率的情况。

如图4-21所示，2014年7月16日至2014年7月29日，发现该台区7月17日、18日和28日线损突然出现负损，系统查询客户用电情况，发现该台区某客户在这三天均产生电量，且为季节性排灌客户。

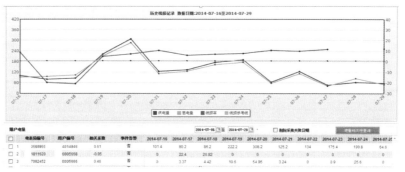

图4-21 ××公共台区偶发负损图

◎**核查结论** 经现场核实，客户（客户编号：6005668）不在该公共台区下用电，户变关系不正确。

◎**整改措施** 修改该客户户变关系。

◎**整治效果** 台区线损恢复正常，如图4-22所示。

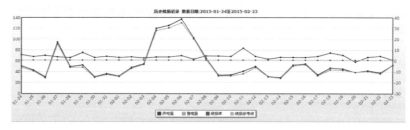

图4-22 公共台区线损率达标图

案例7 双电源用户台区挂接主备供有误 --

◎**案例现象** ××小区变电站A台区（台区编号：0102152097），××小区B台区（台区编号：0102152100），两个台区线损率一正一负。

（1）线损率不达标典型日线损图，如图4-23所示。

图4-23 A、B小区变台区2014年12月15日线损率不达标

（2）连续至少 30 天历史线损曲线图，选取某小区变电站 A 变压器的截图，如图 4-24 所示。

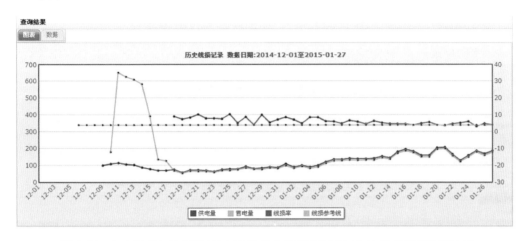

图 4-24 A 小区变电站台区 2014 年 12 月 1 日至 2014 年 12 月 31 日线损率不达标

◎**核查结论** 以上小区变压器为 2014 年 9 月后新上配电变压器，2014 年 12 月 9 日起有采集数据，某小区变电站 A 台区负线损。2014 年 12 月 15 日对该小区变电站台区户变关系进行梳理，现场检查发现双电源客户（客户编号：3431819）两个计量点所属供电电源与现场实际情况相反，导致两台区线损一正一负，具体见表 4-2。

表 4-2　　　　　　　　双电源客户计量点系统和现场情况对照表

电能表资产编号	客户编号	2014 年 12 月 12 日电量	客户名称	用电地址	变压器名称	现场实际台区
0535092	3431819	528.01	××有限公司××分公司	××小区 6 幢-甲-电梯（表箱 1 层）	××小区变电站 A 变压器	××小区变电站 B 变压器
0535091	3431819	0	××有限公司××分公司	××小区 6 幢-甲-电梯（表箱 1 层）	××小区变电站 B 变压器	××小区变电站 A 变压器

◎**整改措施** 修改户变关系。

◎**整治效果** A 台区线损恢复至 3.52%，B 台区线损恢复至 1.53%，如图 4-25 所示。

图 4-25 A、B 小区变电站台区线损率达标图

三、 客户电源个数现场与系统不一致

案例 8 营销系统单电源客户， 现场实际为双电源客户

◎**案例现象** ××公共台区 A（台区编号：0000016115），××公共台区 B（台区编号：0000025214）。

线损率不达标典型日线损图，如图 4-26 所示。

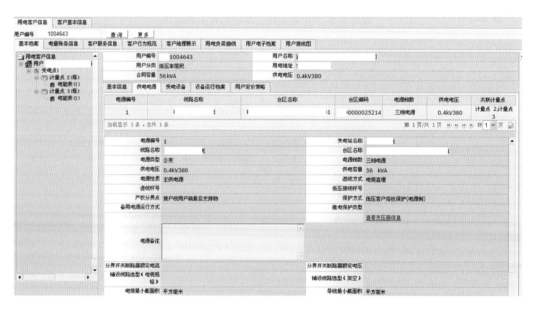

图 4-26 A、B 公共台区 2014 年 12 月 19 日线损率不达标

◎**核查结论** 单电源客户（客户编号：1004643），现场实际情况为：电能表（资产编号：1152894）在××公共台区 A，电能表（资产编号：0213997）在××公共台区 B，而客户营销系统供电电源档案如图 4-27 所示，与现场不符。

图 4-27 客户营销系统供电电源档案

◎**整改措施** 方案一：与客户协商重新签订供用电合同，修改客户档案；方案二：现场将该客户两个计量点负荷都接至××公共台区 A，使客户实际电源方案与系统档案一致。实际采用方案二处理完毕。

◎**整治效果** 该台区线损已恢复正常，如图 4-28 所示。

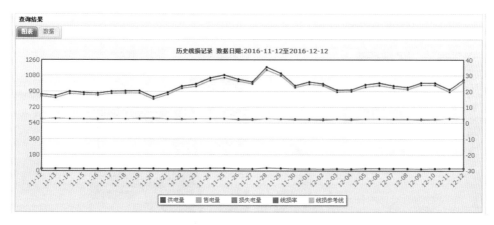

图 4-28　公共台区线损率达标图

第三节　有　表　无　户

案例 9　现场有表系统已销户

◎**案例现象**　××公共台区（台区编号：0000012720）持续高损。

（1）线损不达标典型日线损图，如图 4-29 所示。

图 4-29　××公共台区 2015 年 1 月 1 日线损率不达标

（2）连续至少 30 天历史线损曲线图，如图 4-30 所示。

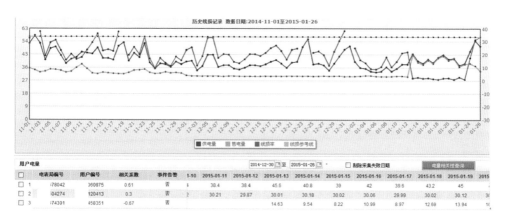

图 4-30　××公共台区 2014 年 11 月 1 日至 2015 年 1 月 12 日线损率不达标

◎**核查结论** 2014 年 11 月 20 日对该公共台区下客户进行现场核查，如图 4-31 所示，发现 1 户低压客户（资产编号：0001884）不在核查单内，造成该台区线损率偏高。

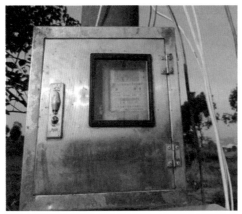

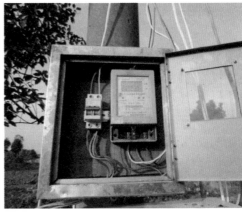

图 4-31 现场有表系统已销户

查询现场电能表（资产编号：0001884），发现该电能表在营销系统中已拆表销户（客户编号：2028856）。如图 4-32 所示，2011 年 3 月 8 日由抄表人员生成失窃电表流程，2013 年 2 月 5 日终止流程，后在 2013 年 2 月 6 日生成批量销户流程进行销户。

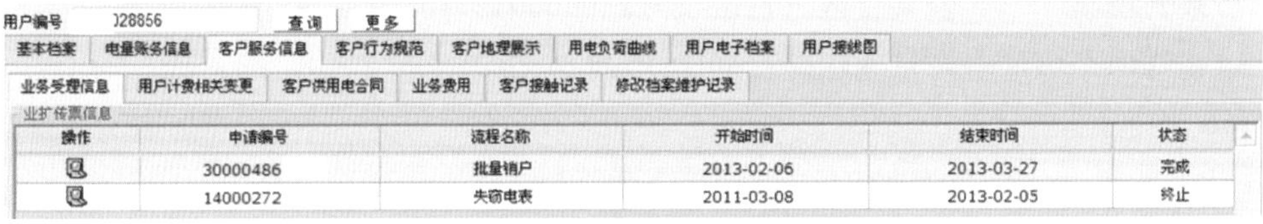

用户编号)28856 查询 更多

基本档案 电量账务信息 客户服务信息 客户行为规范 客户地理展示 用电负荷曲线 用户电子档案 用户接线图

业务受理信息 用户计费相关变更 客户供用电合同 业务费用 客户接触记录 修改档案维护记录

业扩传票信息

操作	申请编号	流程名称	开始时间	结束时间	状态
	30000486	批量销户	2013-02-06	2013-03-27	完成
	14000272	失窃电表	2011-03-08	2013-02-05	终止

图 4-32 客户营销系统失窃电表和批量销户流程

◎**整改措施** 经协调安排客户新装，拆回旧表并按拆表示数进行后续处理，如图 4-33 所示，客户在营销系统中重新建户。

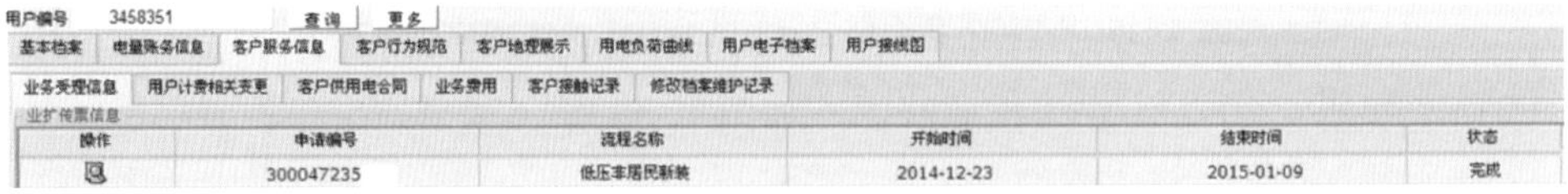

用户编号 3458351 查询 更多

基本档案 电量账务信息 客户服务信息 客户行为规范 客户地理展示 用电负荷曲线 用户电子档案 用户接线图

业务受理信息 用户计费相关变更 客户供用电合同 业务费用 客户接触记录 修改档案维护记录

业扩传票信息

操作	申请编号	流程名称	开始时间	结束时间	状态
	300047235	低压非居民新装	2014-12-23	2015-01-09	完成

图 4-33 客户营销系统低压非居新装流程

◎**整治效果** 台区线损明显下降，如图 4-34 所示。

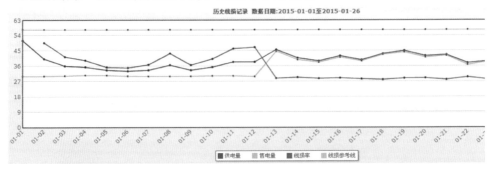

图 4-34 ××公共台区线损率达标图

第四节　营销系统档案字段错误

案例 10　参考表字段是否为"NULL"或"是"

◎**案例现象**　××公共台区（台区编号：0000015577）持续高损。

（1）线损不达标典型日线损图，如图 4-35 所示。

图 4-35　××公共台区 2014 年 10 月 1 日线损率不达标

（2）历史线损曲线图，如图 4-36 所示，2014 年 11 月 20 日前日线损率均异常。

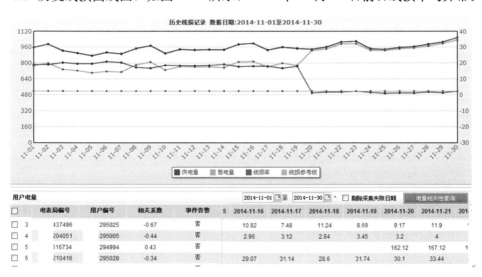

图 4-36　××公共台区 2014 年 11 月 1 日至 11 月 20 日线损率不达标

◎**核查结论**　电能表（资产编号：0516734，客户编号：1294994），该表是卡表购电，营销系统显示在该台区，但是未在线损核算范围，日用电量在 150 kWh 左右。后经查实为客户档案的"是否参考表"为"NULL"导致。

◎**整改措施**　更正客户档案，是否为参考表选为"否"，如图 4-37 所示。

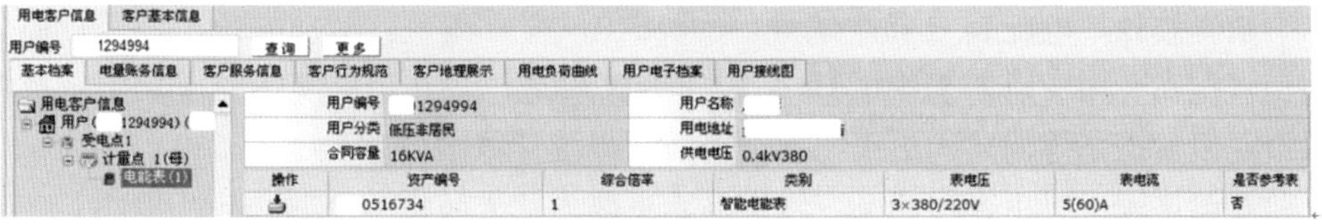

图 4-37　更正客户档案参考表选为"否"

◎**整治效果**　台区线损恢复正常，如图 4-38 所示。

图 4-38　××公共台区线损率达标图

案例 11　客户转供标志错误 ---------------------------------------

◎**案例现象**　××公共台区（台区编号：0000226951）持续高损。

（1）线损不达标典型日线损图，如图 4-39 所示。

图 4-39　××公共台区 2015 年 11 月 17 日线损率不达标

（2）连续至少 30 天历史线损曲线图，如图 5-40：

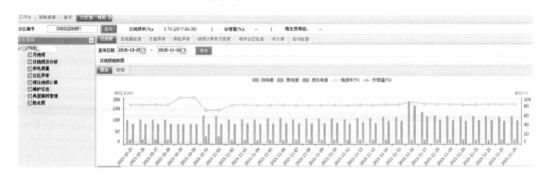

图 4-40　××公共台区 2015 年 10 月 30 日至 2015 年 11 月 23 日线损率不达标

◎**核查结论**　电能表（资产编号：0981540，客户编号：8206009），该客户原先是转供户（接在专用变压器上用电），后由于线路改造，接在公共变压器上用电，成为非转供户，但营销系统档案未更正，导致未在线损统计范围内。

◎**整改措施**　更正客户档案，转供标志更改为"无转供"，如图 4-41 所示。

◎**整治效果**　台区线损恢复正常，如图 4-42 所示。

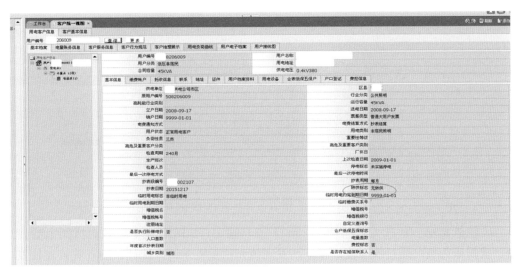

图 4-41 客户转供标志更改为"无转供"

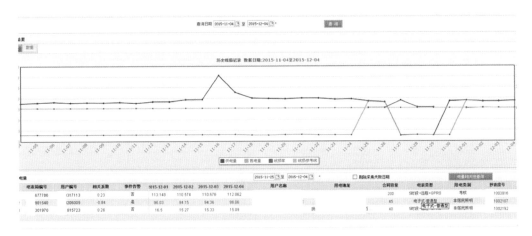

图 4-42 ××公共台区线损率达标图

案例 12 光伏发电客户计量点主用途类型选择错误

◎**案例现象** ××公共台区（台区编号：0000218789）线损率为负。

（1）线损不达标典型日线损图，如图 4-43 所示。

图 4-43 ××公共台区 2015 年 10 月 17 日线损率不达标

（2）连续至少 30 天历史线损曲线图，如图 4-44 所示。

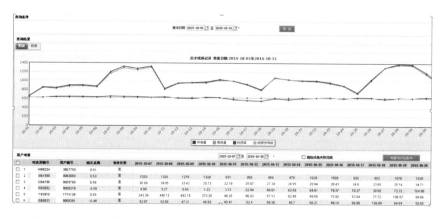

图 4-44　××公共台区 2015 年 10 月 1 日至 2015 年 10 月 30 日线损率不达标

◎**核查结论**　客户（客户编号：3807753）在 10 月 16 日新上，在台区用电后发现台区线损率为负，通过线损统计查询，发现该光伏发电未纳入统计。经查看该光伏发电档案，发现将发电户档案"发电计量点 2（母）"中的"主用途类型"选择错误，应选择"上网关口"，而不是"发电关口"，进行档案修改后，该台区线损正常。

◎**整改措施**　更正客户档案，发电计量点 2（母）中的"主用途类型"选择"上网关口"，如图 4-45 所示。

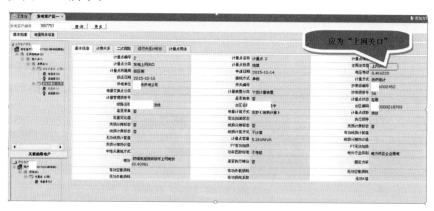

图 4-45　客户发电计量点"主用途类型"选择"上网关口"

◎**整治效果**　线损恢复正常，如图 4-46 所示。

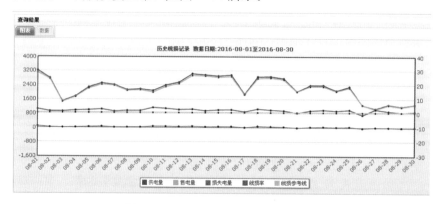

图 4-46　××公共台区线损率达标图

案例 13　客户计量点级别错误

◎**案例现象**　××公共台区（台区编号：0000230105）2015 年 6 月之前持续高损，如图 4-47 所示。

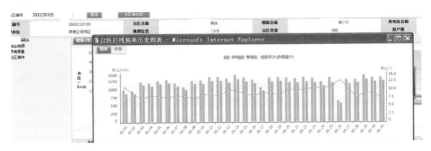

图 4-47　××公共台区 2015 年 5 月 1 日至 2015 年 5 月 31 日线损率不达标

◎**核查结论**　客户（客户编号：0270553）两个计量点现场是并联，按照现场接线，营销系统中两个计量点应该都是"母"计量点，但系统中计量点 2 是"子"计量点，导致该表电量未能进行线损统计，线损偏大。

◎**整改措施**　2015 年 6 月 7 日系统发起改类流程，进行计量点级别的更改，如图 4-48 所示。

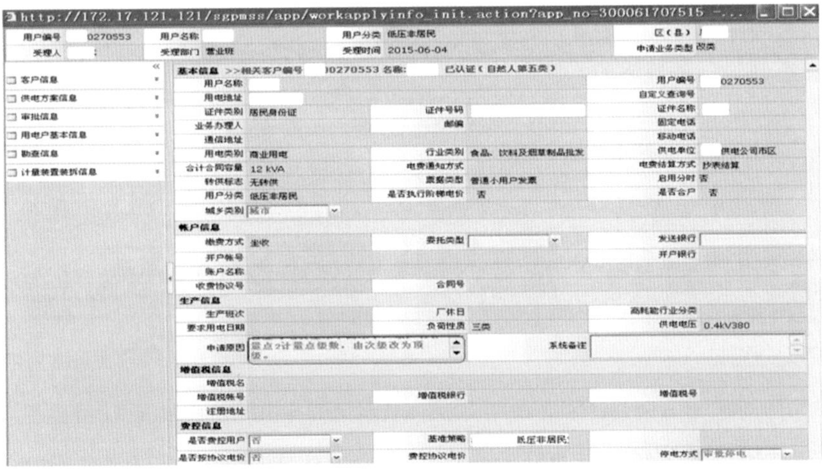

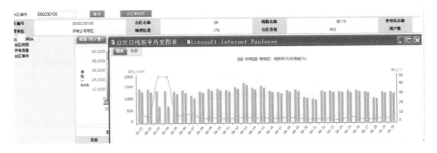

图 4-48　客户计量点级数变更

◎**整治效果**　如图 4-49 所示，2015 年 6 月 8 日后线损恢复正常。

图 4-49　××公共台区线损率达标图

第五节　其他档案类

案例 14　小区变电站自用电需装表建户

◎**案例现象**　××公共台区（台区编号：00797329）持续高损。

（1）线损率不达标典型日线损图，如图 4-50 所示。

图 4-50　××公共台区 2014 年 12 月 1 日线损率不达标

（2）历史线损曲线图，如图 4-51 所示。

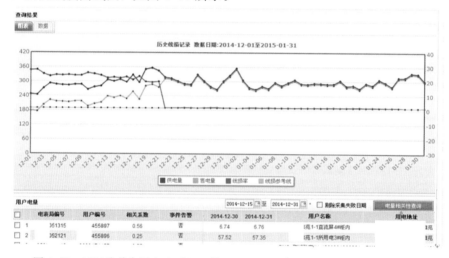

图 4-51　××公共台区 2014 年 12 月 1 日至 2014 年 12 月 21 日线损率不达标

◎**核查结论**　此为新上商业开发小区，客户入住率低，供电量每日 200kWh 左右，关口计量装置接线、户变关系均正确，无违约用电情况，供电范围合理，现场核查后，发现小区变直流屏充电和小区仪表指示灯、应急照明、除湿器等配套设施，用电量较多且未装表计量，日用电量较大。

◎**整改措施**　对小区变电站内的空调、直流屏等配套设施进行建户装表计量。

◎**整治效果**　台区线损明显下降，如图 4-52 所示。

案例 15　负控客户在用电信息采集系统重复建档

◎**案例现象**　××公共台区（台区编号：0200008504）长期线损率为负，如图 4-53 所示。

◎**核查结论**　该台区户变关系正确、客户计量装置运行良好，不存在私拉乱接现象，配电变压器关口计量准确，但该台区下客户（客户编号：1137856）进行了重复统

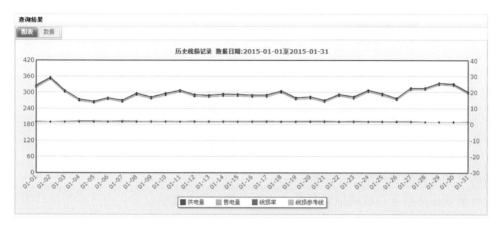

图 4-52 ××公共台区线损率达标图

图 4-53 ××公共台区 2014 年 10 月 21 日线损率不达标

计，经系统分析发现该户是低压非居客户，在负控系统和用电信息采集系统中分别建档，造成电量重复计算，导致台区线损长期为负线损。

◎**整改措施** 保留负控系统数据，将用电信息采集系统中档案删除。

◎**整治效果** 台区线损恢复至 1%，如图 4-54 所示。

图 4-54 ××公共台区线损率达标图

第五章

计　量

本章介绍了计量装置问题导致台区线损率不合格案例，包括采集安装全覆盖、采集设备运维和计量装置故障三个方面。

计量规范运行是台区线损管理基础。由于计量设备数量众多，台区线损统计对计量装置要求高，计量装置故障是影响台区线损统计的一个重要因数。通过案例分析，台区线损管理人员能够充分利用用电信息系统及时发现计量故障，快捷有效地采取处理措施，加强计量装置消缺，快速恢复台区线损率。

第一节　采集安装未全覆盖

案例 16　漏装采集装置 --

◎**案例现象**　　××公共台区（台区编号：0000015848），从"考核单元管理"界面"未采用户表¹¹"，未采客户表字段显示不为"0"，采集覆盖率高于 98%，但未达 100%，台区可考核。

（1）2014 年 12 月 9 日线损不达标典型日线损情况，如图 5-1 所示。

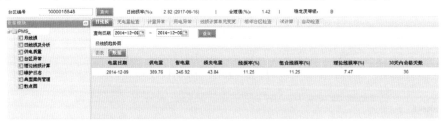

图 5-1　线损不达标典型日线损图

（2）连续至少 30 天历史线损曲线，如图 5-2 所示。

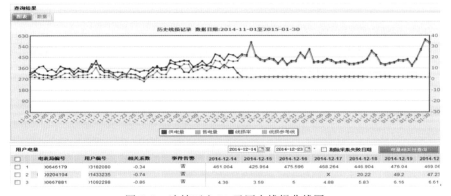

图 5-2　连续至少 30 天历史线损曲线图

◎**核查结论** 核实发现，2014 年 12 月 17 日××公共台区（台区编号：0000015848）存在 1 户（客户户号：1433235）采集未全覆盖。

图 5-3 为客户户号 1433235 的营销系统当月用电量，以此进行折算，该户日损失电量约为 21.47kWh。还原前后线损率对比，见表 5-1。

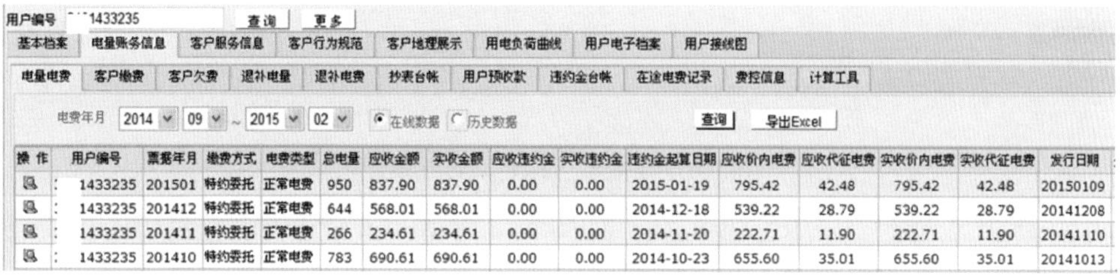

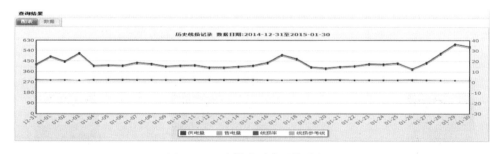

图 5-3 营销系统当月用电量

表 5-1 还原前后线损率对比

考核单元编号	考核单元名称	线损率（％）	供电量（kWh）	售电量（kWh）	损失电量（kWh）	应采客户表	未采客户表
0000015848	某公共台区	9.64	461.004	416.55	44.454	77	1
0000015848	某公共台区	4.99	461.004	416.55＋21.47	22.984	77	0

◎**整改措施** 2014 年 12 月 18 日对该户安装小采集器，并在用电信息采集系统中对该客户建档调试，如图 5-4 所示，建档调试后采集成功。

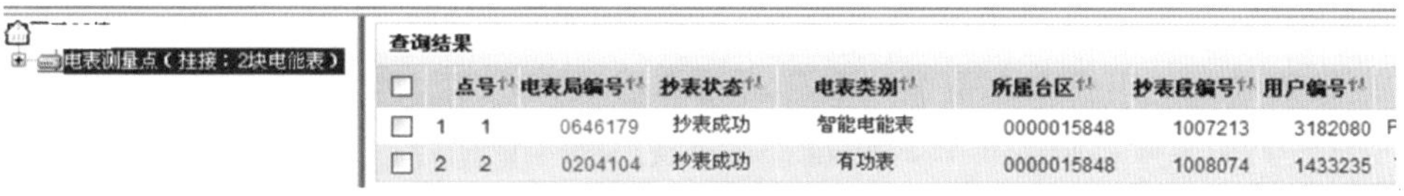

图 5-4 建档调试

◎**整治效果** 线损下降至 0，如图 5-5 所示。

图 5-5 用电信息采集系统线损图

案例 17 采集装置无法安装

◎**案例现象** ××公共台区（台区编号：0000020635），因客户用采覆盖率小于 98％，导致线损率不可考核。

（1）2015 年 1 月 30 日线损不达标典型日线损情况，如图 5-6 所示。

图 5-6　线损不达标典型日线损图

（2）连续至少 30 天历史线损曲线，如图 5-7 所示。

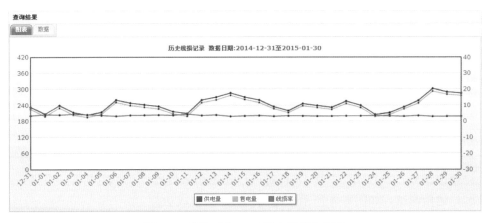

图 5-7　连续至少 30 天历史线损曲线图

◎**核查结论**　用采未全覆盖，采集覆盖率低于 98%。主要原因：该台区应采客户表 16 只，其中未采客户表 1 只，见表 5-2。该户（客户户号：1321918）电能表（资产编号：0548948）已停用 10 年，且电能表封于墙内，无法补装，图 5-8 为现场情况，导致不可计算，线损率不可考核。

表 5-2　　　　　　　　　　　台 区 采 集 覆 盖 情 况

考核单元编号	考核单元名称	综合倍率	线损率（%）	供电量（kWh）	售电量（kWh）	损失电量（kWh）	应采考核表	未采考核表	应采客户表	未采客户表	线损计算条件
0000020635	某公共台区	120	3.2	285.552	276.42	9.132	1	0	16	1	不可计算

图 5-8　客户计量装置现场图片

◎**整改措施** 需与客户进一步商议移表或销户。

◎**整治效果** 该客户在列入待补装名单，予以持续关注。

第二节 采集运维不到位

案例 18 采集器无法采集数据

◎**案例现象** ××公共台区（台区编号：0100017289），持续高线损。

（1）2015 年 2 月 7 日线损不达标典型日线损情况如图 5-9 所示，该台区客户参与率 95.51％，日损失电量高达 300.06kWh。

图 5-9 线损不达标典型日线损图

（2）连续至少 30 天历史线损曲线图，如图 5-10 所示。

图 5-10 连续至少 30 天历史线损曲线图

◎**核查结论** 客户 6008021 用采故障长期采集不成功，该表的采集器故障无法采集数据。

◎**整改措施** 用采运维人员至现场检查后对该表的采集器进行了更换。

◎**整治效果** 自 2014 年 2 月 9 日更换日采集器后：线损下降至 2％以内，如图 5-11 所示。

图 5-11　连续至少 30 天历史线损曲线图

案例 19　采集设备自身缺陷

◎**案例现象**　××公共台区（台区编号：0280021433），该台区线损长期高线损。

（1）线损不达标典型日线损情况如图 5-12 所示。

图 5-12　线损不达标典型日线损图

（2）连续至少 30 天历史线损曲线，如图 5-13 所示。

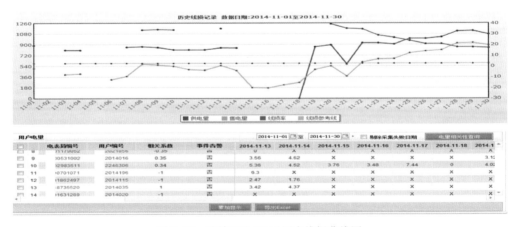

图 5-13　连续至少 30 天历史线损曲线图

◎**核查结论**　经核查，该台区有 299 户，受移动通信塔干扰，2014 年 8 月至 2015 年 1 月，始终有部分客户采集失败，最多时高达 100 余户。期间更换 120 系列集中器 4 台，增加辅助抄表集中器 1 台，且集中器厂家多种，均未见效。

◎**整改措施**　该台区 120 系列采集器及集中器全部更换成 390 系列。

◎**整治效果**　更换后次日起，日线损率为 4％左右，采集成功率为 100％。

建议对长期受不明信号干扰及线损不稳定台区更换 390 系列集中器和采集器，避免因 120 系列集中器技术原因造成的线损管理异常情况。

案例 20　**电能表前设计开关引起电能表失电**

◎**案例现象**　××公共台区（台区编号：0100908273）线损或高或低不稳定。

（1）2014 年 9 月 10 日线损不达标典型日线损情况如图 5-14 所示，线损率高达 32.23％，损失电量 63.68kWh。

图 5-14　线损不达标典型日线损图

（2）连续至少 30 天历史线损曲线，如图 5-15 所示。

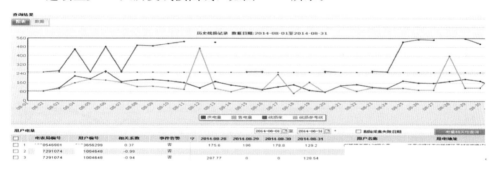

图 5-15　连续至少 30 天历史线损曲线图

◎**核查结论**　电能表安装设计不合理，失电后导致采集不成功。经调查分析××客户（客户户号 1004648）一个月日数据，发现客户日用电量时有时无，白天透抄电能表电量与冻结数据不符。现场查证该客户电源进线先进空气开关，后进电能表。该客户下班后将空气开关断开，电能表无电，数据冻结不成功。

◎**整改措施**　将电源先进电能表，后接空气开关。

◎**整治效果**　整改后线损下降明显，如图 5-16 所示。

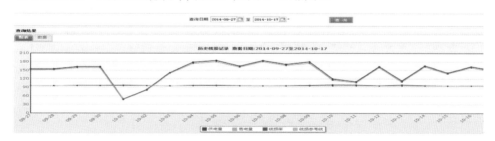

图 5-16　用电信息采集系统线损图

案例 21 采集不同期 --

【**问题表征描述**】采集不同期包括两种：一种是电能表或终端时钟超差，导致冻结不同期，极端情况会造成冻结电量为 0 或多日累计电量情况；另一种是由于电能表问题即电能表本身不具备冻结功能，导致采集终端召测冻结数据时为电能表在召测时段的有效冻结值，往往造成召测到的冻结数据一日偏大或偏小，下一日的冻结数据偏小或偏大，导致至少 2 日电能表电量异常。

◎**案例现象** ××公共台区（台区编号：0000180213），线损一日为负，一日为正。

（1）11 月 14 日线损不达标典型日线损情况如图 5-17 所示，线损率为 −7.32%，11 月 15 日线损率为 11.30%。

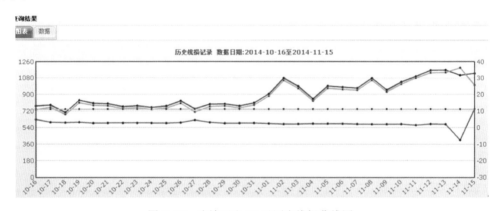

图 5-17 线损不达标典型日线损图

（2）2014 年 10 月 16 日至 2014 年 11 月 15 日连续至少 30 天历史线损曲线如图 5-18 所示。

图 5-18 连续至少 30 天历史线损曲线图

从线损曲线可以看出该台区线损率一直稳定在 2%~3%，仅 11 月 14 日~15 日出现异常。查看客户电量明细，可以看出前三户客户 11 月 14 日电量突增，15 日电量减少，如图 5-19 所示。

图 5-19 客户电量明细

◎**核查及结论** 该电能表为老式机械表，本身不具备冻结功能，导致采集终端召测冻结数据时为电能表在召测时段的有效冻结值,往往造成召测到的冻结数据一日偏大/小,下一日的冻结数据偏小/大。查看该三户数据展示清单,可以发现 11 月 15 日冻结时间存在滞后的情况,均为 7:59 冻结,如图 5-20 所示,导致了 11 月 14 日电量偏大,15 日电量偏小,影响了 14、15 日的线损率。

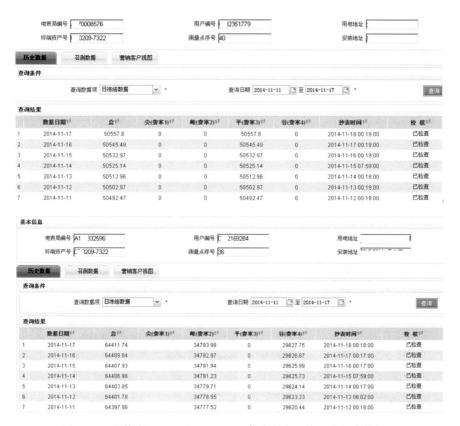

图 5-20 电能表 A1 * * 332596 用电信息采集系统历史抄表数据图

第三节 计 量 装 置

案例 22 关口漏计量

◎**案例现象** ××公共台区(台区编号:0000016566),线损一直持续为负线损。

(1)2013 年 12 月 1 日线损异常典型日线损情况如图 5-21 所示。

图 5-21 线损异常典型日线损图

（2）连续至少 30 天历史线损曲线情况如图 5-22 所示。

图 5-22　连续至少 30 天历史线损曲线图

◎**核查结论**　该公共台区，损失电量为－101.76kWh，12 月 19 日至 20 日营销部对该台区下客户进行现场核查，现场核查发现低压客户表对应关系正确，但关口计量漏计电量，现场发现该户低压台区变压器出口处有两路出线，而其中一路出线未接入互感器，造成关口表少计电量，低压线损为负值。该户需停电处理。现场检查情况如图 5-23 所示。

图 5-23　变压器现场检查情况

◎**整改措施**　停电更换 TA，通过业务流程完善系统档案。

◎**整治效果**　该台区 2014 年 12 月份线损曲线状况如图 5-24 所示，台区线损大负电量已下降，但仍存－14kWh 左右的负电量，仍需排查其他问题。

图 5-24　用电信息采集系统线损历史曲线图

案例 23 配电变压器出线在关口表 TA 之前

◎**案例现象** ××公共台区（台区编号：0000001962）持续高负线损。

（1）图 5-25 为 2014 年 8 月线损不达标查询情况，发现该台区全采集负线损，损失电量高达－14684kWh。

图 5-25　8 月份线损查询情况

（2）2014 年 8 月至 2014 年 9 月历史线损情况如图 5-26 所示。

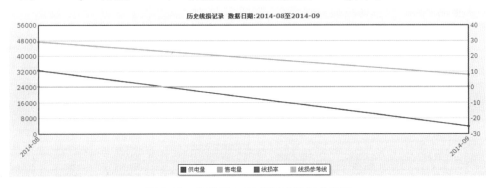

图 5-26　连续至少 30 天历史线损曲线图

◎**核查结论** 客户（客户编号：2154476、3217154）电能表在考核表前。

◎**整改措施** 将客户（客户编号：2154476、3217154）的电能表移至关口表后。

◎**整治效果** 线损效果自 2014 年 10 月起：线损下降至 0，如图 5-27 所示。

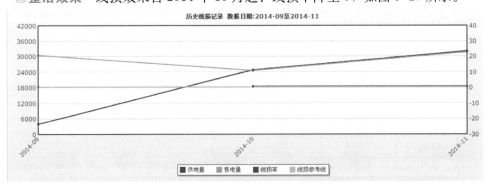

图 5-27　处理后用电信息采集系统线损图

案例 24 关口互感器影响线损

◎**案例现象** ××公共台区（台区编号：0200007897），该台区线损长期高损，如

图 5-28 所示。

图 5-28 用电信息采集系统台区线损图

◎**核查结论** 线损核查小组对该台区进行联合会诊，从配电变压器关口计量、台区户变关系核查、客户电能表和是否存在私拉乱接四方面进行了一次综合检查。检查结果发现该台区户变关系正确、客户电能表没有问题，不存在私拉乱接现象，但配电变压器关口互感器有老化开裂现象，初步怀疑此问题造成该台区线损不达标。

◎**整改措施** 12 月底安排停电计划，对该台区配电变压器关口计量 TA 进行了更换。

◎**整治效果** 该台区线损下降至 0，如图 5-29 所示。

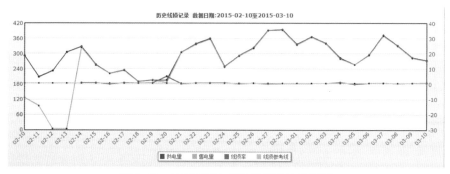

图 5-29 处理后用电信息采集系统线损图

案例 25 关口终端内表地址建档错误导致关口串户

◎**案例现象** 某小区配电房♯1、♯2 主变，同一变电站内组合线损合格，户变关系对应正确，单台线损不合格。

(1) 2015 年 5 月 2 日线损不达标典型日线损情况如图 5-30 所示，两台区线损率一正一负。

图 5-30 线损不达标典型日线损图

（2）2015 年 5 月 1 日至 2015 年 5 月 10 日历史线损曲线，如图 5-31 所示。

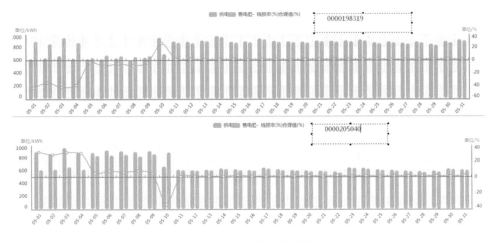

图 5-31 历史线损曲线图

◎**核查及结论** 4 月 30 日通过系统召测发现某小区配电房♯2 主变，U、W 相功率因数低，但现场检查未发现该关口接线错误，且该关口表 3 相功率因数均在 0.95 以上，后对该配电房♯1、♯2 主变检查，通过按键显示发现该关口表 U、W 相功率因数低，与系统召测数据一致。进一步检查没有发现关口串户，即现场电能表资产编号与系统一致，随后通过按键显示分别对两电能表 4 月 29 日冻结示数进行查看，表内冻结值见表 5-3。

表 5-3   **电能表 4 月 29 日冻结示数**

台区编号	台区名称	关口表	现场表内冻结值
0000198319	某小区配电房♯1 主变	1102452	3823.5
0000205040	某小区配电房♯2 主变	1102775	5177.5

后又在系统内分别对两关口表进行召测数据，如图 5-32 和图 5-33 所示。

图 5-32 关口表 1102452 召测数据图

图 5-33　关口表 1102775 召测数据图

可见，系统内召测冻结示值与现场两表内冻结示值恰好相反。因此，原因为系统内表地址建档错误。

◎**整改措施**　在系统将采集终端档案的表地址更改，如图 5-34 所示。

图 5-34　系统采集终端档案表地址更改图

◎**整治效果**　两个台区线损均已恢复正常，如图 5-31 所示。

案例 26　计量装置安装不规范导致关口表欠压

◎**案例现象**　××公共台区（台区编号：0000019371），户表关系正确，线损一直稳定负线损。

（1）2014 年 10 月 27 日线损不达标典型日线损情况如图 5-35 所示。

图 5-35　线损不达标典型日线损图

（2）2014 年 10 月 1 日至 2014 年 10 月 30 日连续 30 天历史线损曲线如图 5-36 所示。

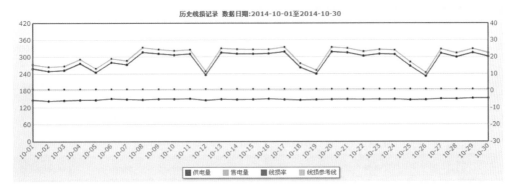

图 5-36　连续 30 天历史线损曲线图

【核查结果】现场核实关口表发现电表显示 W 相电压为 197V，疑电能表故障申请更换。

◎**整改方式**　生成计量装置故障流程（流程编号：300046891），在换表时发现原装表质量差、施工艺不规范导线绝缘皮层未刮除，导致不稳定低电压，如图 5-37 所示。

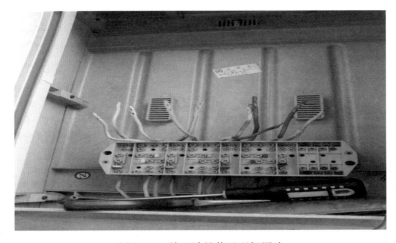

图 5-37　关口计量装置现场图片

◎**整治效果**　线损明显下降，如图 5-38 所示。

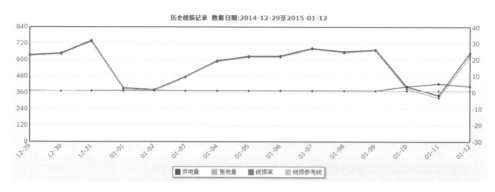

图 5-38 处理后系统线损图

案例 27 关口表一相失压

◎**案例现象** ××公共台区（台区编号：000230557），线损率偏高。

（1）2014 年 10 月 25 日线损不达标典型日线损情况如图 5-39 所示，该台区全采集正线损，损失电量 91.63kWh。

图 5-39 线损不达标典型日线损图

（2）2014 年 10 月 1 日至 31 日连续至少 30 天历史线损曲线，如图 5-40 所示。

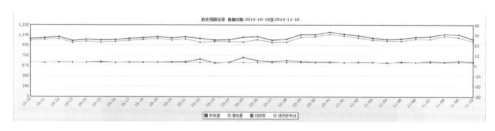

图 5-40 连续至少 30 天历史线损曲线图

【检查结果】客户（客户编号：3084068）电能表 U 相失压，如图 5-41 所示。

图 5-41 客户计量装置现场图片

◎**整改措施** 现场将电压片拧紧。

◎**整治效果** 自 2014 年 10 月 25 日起，线损下降至 0，如图 5-42 所示。

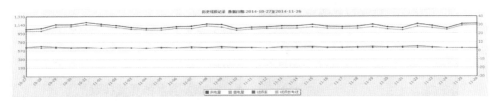

图 5-42　处理后系统线损图

案例 28 关口表某相电流失流

◎**案例现象** ××公共台区（台区编号：0005000478）负损。

（1）线损不达标典型日线损情况，如图 5-43 所示。

图 5-43　线损不达标典型日线损图

（2）2014 年 7 月 1 日至 2014 年 8 月 31 日连续至少 30 天历史线损曲线，如图 5-44 所示。

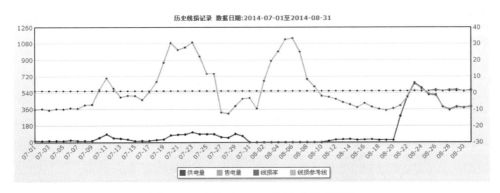

图 5-44　连续至少 30 天历史线损曲线图

◎**核查结论** 关口表联合接线盒安装存在问题，连片将电流回路全部短接，关口表电量基本上为零电量，如图 5-45 所示。

◎**整改措施** 将短接连片打开，恢复正常计量。

◎**整治效果** 线损效果：线损下降至 0，如图 5-46 所示。

案例 29 电流进出线接反且移相

◎**案例现象** ××公共台区（台区编号：0101073416），持续负线损。

图 5-45　关口计量装置整改前后现场图片

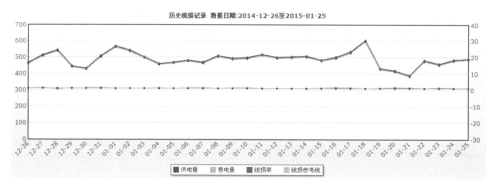

图 5-46　处理后系统线损图

（1）线损不达标典型日线损情况如图 5-47 所示。

电量日期	供电量	售电量	线损率	线损参考线
2014-07-01	228	277.33	-21.64	3.14
2014-07-02	225	289.47	-28.65	3.14
2014-07-03	243	309.51	-27.37	3.14
2014-07-04	240	307.17	-27.99	3.14
2014-07-05	228	288.58	-26.57	3.14

图 5-47　线损不达标典型日线损图

（2）连续至少 30 天历史线损曲线，如图 5-48 所示。

图 5-48　连续至少 30 天历史线损曲线图

【核查结果】如图 5-49 进行相位角召测，图 5-50 为三相电压电流相位角图，显示关口表错接线。

图 5-49　系统招测相位角图

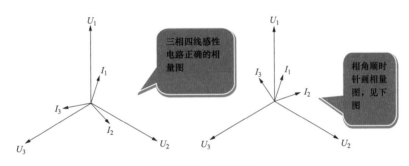

图 5-50　相位角图

◎**整改方式**　现场按照图 5-51 纠正错接线。

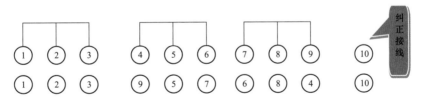

图 5-51　现场纠正错接线图

◎**整治效果**　线损明显下降，如图 5-52 所示。

案例 **30**　两相电流线交互错接线

◎**案例现象**　××公共台区（台区编号：0000018439）。

（1）线损不达标典型日线损情况如图 5-53 所示。

（2）2013 年 12 月 1 日至 2013 年 12 月 30 日连续至少 30 天历史线损曲线，如图 5-54 所示。

图 5-52　处理后系统线损图

查询结果

图表　数据

电量日期	供电量	售电量	线损率	线损参考线
2013-12-01	53.704	62.38	-16.16	-0.35
2013-12-02	68.472	105.28	-53.76	-0.35
2013-12-03	64.512	101.7	-57.65	-0.35
2013-12-04	71.576	113.61	-58.73	-0.35
2013-12-05	69.752	105.7	-51.54	-0.35
2013-12-06	86.288	125.93	-45.94	-0.35
2013-12-07	69.544	103.05	-48.18	-0.35

图 5-53　线损不达标典型日线损图

图 5-54　连续至少 30 天历史线损曲线图

◎**核查结论**　打开关口表计量箱核对电能表示数时发现三相电压正常，电流也基本正常，但功率因数 W 相出现异常。用相位仪测量电压、电流及相位角，测量数据如下：$U_1 = 236\text{V}$，$U_2 = 236\text{V}$，$U_3 = 237\text{V}$，$I_1 = 0.37\text{A}$，$I_2 = 0.29\text{A}$，$I_3 = 0.27\text{A}$，$U_1 I_1$ 夹角 $45°$，$U_1 I_2$ 夹角 $165°$，$U_1 I_3$ 夹角 $345°$，图 5-55 为相量示意图。

现场检查情况如图 5-56 所示。

现场错接线情况如图 5-57 所示。

◎**整改措施**　整改关口计量错接线。

◎**整治效果**　线损明显下降，如图 5-58 所示。

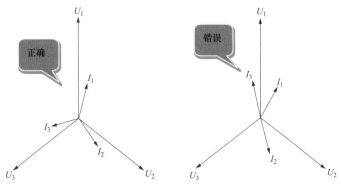

图 5-55　相量示意图

图 5-56　关口计量现场图片

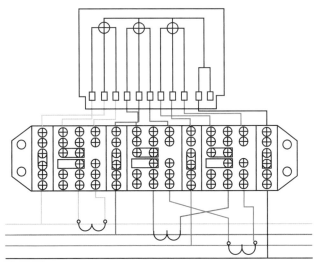

台区经TA三相

图 5-57　接线图

案例 31　互感器接有非计量二次回路导致电流分流关口少计 ------------

◎**案例现象**　××公共台区，客户采集全覆盖、全采集，无统计、客户计量及生产设

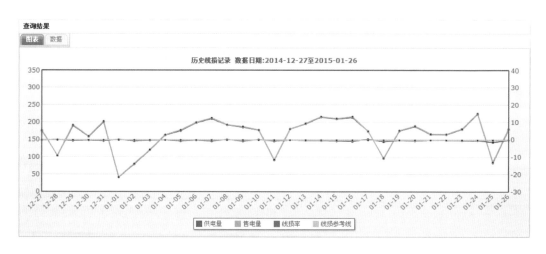

图 5-58　处理后系统线损图

备类等问题，但线损持续为-40%左右。

2015 年 2 月 18 日至 2015 年 3 月 8 日历史线损曲线如图 5-59 所示。

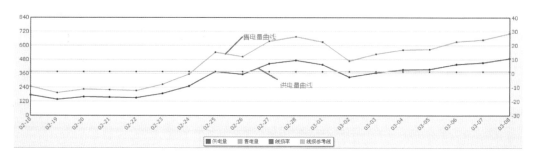

图 5-59　历史线损曲线图

◎**核查结论**　现场检查发现，关口二次计量回路与配电柜盘表电流回路并联，造成计量回路少计电量，进而导致台区线损为负。现场关口接线情况如图 5-60 所示。

图 5-60　关口回路接线图片

◎**整改措施**　拆除非计量回路接线，确保计量二次回路专用性。

◎**整治效果**　供电量正确计量，线损统计 3 月 11 日恢复正常，如图 5-61 所示。

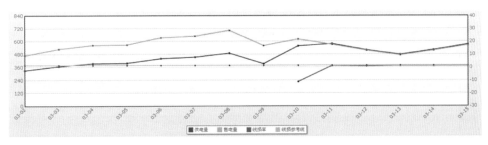

图 5-61　处理后系统线损图

案例 32　现场实际电压与关口表显示电压不符

◎**案例现象**　××公共台区（台区编号：0100877672），持续高线损。

（1）2015 年 1 月 1 日线损不达标典型日线损情况如图 5-62 所示，发现该台区全采集正线损，损失电量高达 139.67kWh。

图 5-62　线损不达标典型日线损图

（2）2015 年 1 月 1 日至 2015 年 1 月 28 日连续至少 30 天历史线损曲线，如图 5-63 所示。

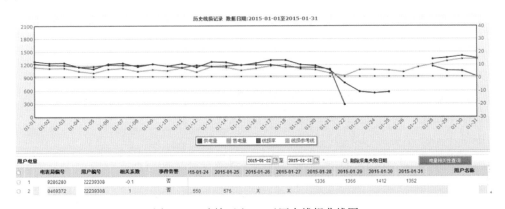

图 5-63　连续至少 30 天历史线损曲线图

◎**核查结论**　关口表 2239308 在 2015 年 1 月 21 日到现场查看：电表上显示 U 相电压为 189V，V 相电压为 0V，W 相电压为 189V。

用万能表实测电压 U 相电压为 232.1V，V 相电压为 231.8V，W 相电压为 232.2V，判断为电能表有问题。

◎**整改措施**　系统发起关口表故障流程，现场更换电表。

◎**整治效果**　自 2015 年 1 月 31 日全部采集成功，线损恢复正常，如图 5-64 所示。

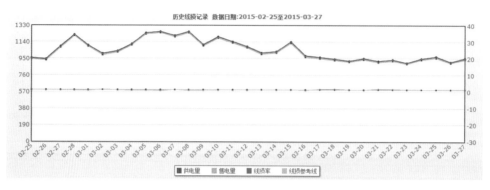

图 5-64　处理后用电信息采集系统线损图

案例 33　现场实际电流与关口表显示电流不符

◎**案例现象**　××公共台区，台区线损异常波动，自 2 月 1 日以来线损时正时负，客户参与率为 100％；排查发现存在部分时差表，工作人员现场对电能表进行校时，2 月 27 日后，线损持续负损。

线损不达标典型日线损图：2015 年 3 月 8 日为例，供电量 796.86kWh，售电量 917.59kWh，线损率为－15.15％。

2015 年 2 月 1 日至 2015 年 3 月 12 日连续至少 30 天历史线损曲线，如图 5-65 所示。

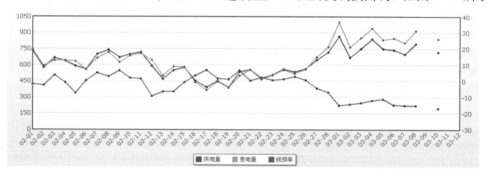

图 5-65　连续至少 30 天历史线损曲线图

◎**核查结论**　现场对台区关口接线进行仔细检查，在对一、二次电流实测时，发现其集中器 V 相显示电流与现场实测 V 相二次电流不一致，集中器显电流为 1.85A，实测电流为 4.09A，V 相约少计 2.24A，其余与现场一致，如图 5-66 所示，因此集中器电流计量元件故障。

图 5-66　电流实测现场图片

◎**整改措施** 现场更换集中器，确保计量准确性。

◎**整治效果** 3月15日开始台区线损率稳定在4.5%左右，如图5-67所示。

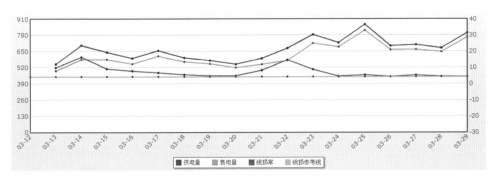

图5-67 处理后系统线损图

案例34 互感器故障导致电能表电流与实际电流不符

◎**案例现象** 线损检查时，发现某某公共台区（台区编号：0000318037）线损达−26.04%。

2013年11月19日至2013年12月18日连续至少30天历史线损曲线如图5-68所示。

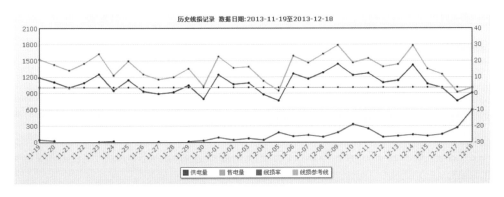

图5-68 连续至少30天历史线损曲线图

◎**核查结论** 经过现场检查，现场户变关系正确，排查关口计量，通过对电能表内记录的电流、电压数据与现场用仪表测出数据的比对，排查出变压器配电箱U、V、W三相的一次电流均为200A左右，按照电流互感器变比400/5的倍率计算，电能表内及二次接线的电流应为2.5A左右，而V相记录的电流及互感器二次接线电流均为0.8A左右，判断为V相互感器故障所致。

◎**整改措施** 更换V相互感器。

◎**整治效果** 自2013年12月19日起该台区线损率恢复正常，如图5-69所示。

案例35 电能表超差

◎**案例现象** ××公共台区，台区客户数量较多，有228户，居民表和商业表混杂，

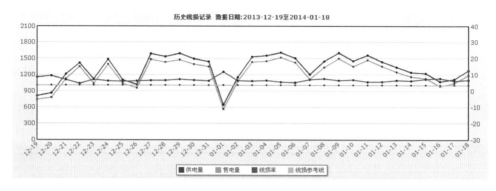

图 5-69　处理后系统线损图

低压线路接线不规范，部分线路被广告牌遮挡，台区线损一直持续 10% 左右。鉴于台区现场复杂且人工核查很难定位具体问题，故决定采用某公司的移动式用电监测仪来分段排查并聚焦该台区问题，并作为疑难台区综合解决方案的试点。

（1）2015 年 8 月 1 日线损不达标典型日线损情况如图 5-70 所示。

图 5-70　线损不达标典型日线损图

（2）2015 年 8 月 1 日至 8 月 30 日历史线损曲线连续至少 30 天历史线损曲线，如图 5-71 所示。

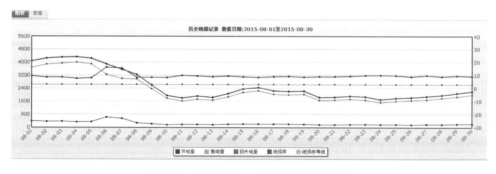

图 5-71　连续至少 30 天历史线损曲线图

◎**核查结论**　工作人员联系厂家进行现场勘察，确定移动式用电监测仪安装方案，如图 5-72 所示，共安装了 10 套设备。

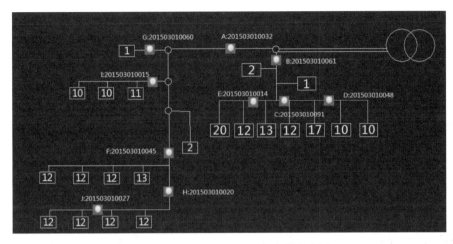

图 5-72　移动式用电监测仪安装方案图

移动监测仪安装在线路上，设备每间隔 15min 自动上报主站冻结电量。设备运行两日冻结电量后，就有 24h 的电量与所辖电能表电量进行对比。

按既定安装方案，9 月 5 日现场安装设备，8 日统计分析电量数据显示，移动式 E 所管的 32 块电能表电量与移动式电量差 32kWh，如图 5-73 所示。

E	201503010014		245.15	625.05	
2915144	2236411	××物业管理有限公司	27355.95	27377.06	21.11
5361865	2236410	××物业管理有限公司	21968.69	22001.87	33.18
5361862	2236409	××物业管理有限公司	36452.73	36509.93	57.2
5361869	2236408	××物业管理有限公司	2639.27	2651.6	12.33
5361866	2236407	××物业管理有限公司	18689.74	18693.25	3.51
5361870	2236406	××物业管理有限公司	25506.31	25544.62	38.31
5364334	2236405	××物业管理有限公司	0.04	0.04	0
5361874	2236404	××物业管理有限公司	30584.42	30599.33	14.91
2319902	1982490	刘××	675.85	680.85	5
2319265	1982506	周××	924.16	932.07	7.91
2321307	1982638	朱××	1226.59	1232.32	5.73
2321312	1982702	王××	841.28	845.09	3.81
2331606	1982830	樊××	1320.62	1328.63	8.01
1951983	1982986	喻××	655.89	662	6.11
2331642	1983079	李××	0.21	0.21	0
2313465	1983180	姜××	614.22	617.97	3.75
2331638	1983282	孙××	284.23	286.19	1.96
2330222	1983386	俞××	279.84	281.88	2.04
2321389	1983494	崔××	1591.49	1602.15	10.66
2322892	1983510	陈××	981.34	1002.64	21.3
				以上二者差值	32.59
				E管辖下线路线损百分比	8.58%

图 5-73　8 日统计分析电量数据

移动式 A-I-F 所管的 3 块电能表电量与移动式电量差 115kWh，如图 5-74 所示。

A	201503010032		1298.7	2299	
I	201503010015		113.45	343.45	
F	201503010045		315.3	882.1	
A-I-F			869.95	1073.45	
0066727	2212266	信息服务中心	39024.73	39030.1	53.7
7402563	1555927	老干部建房办	4475.06	4476.77	34.2
				A-I-F管辖用户用电量之和	87.9
				两次抄表移动监测仪（A-I-F）所走电量	203.5
				以上二者差值	115.6
				A-I-F管辖下线路线损百分比	56.81%

图 5-74　电量比对图

其他分支段电能表所走电量与移动式所走电量基本吻合，因此只需进一步现场排查有问题的两个分支段,将排查范围大大缩小。

通过现场排查 A-F-I 段,发现其中一块电能表被木板封住了,如图 5-75 所示。在该支线上加装了一套设备,进行一对一监控,证明该电能表存在问题,与客户沟通拆开柜子,发现该表 U 相电流缺失。

通过现场排查 E 段,同时对相关电能表进行校验,发现客户编号为 2236407,出厂局编号为 5361866 电能表,误差为−89.16%,如图 5-76 所示。

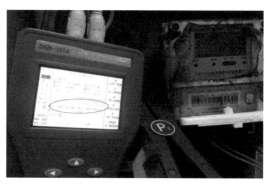

| 图 5-75 现场图片 | 图 5-76 表计现场校验图 |

◎**整改措施** 9 月 12 日将客户(客户编号:2212266)进行计量装置外移并将老式电子表更换为智能电能表;9 月 24 日对客户(客户编号:2236407)进行现场更换,如图 5-77 和图 5-79 所示。更换后采集电量正常,如图 5-78 和图 5-80 所示。

图 5-77 客户编号 2212266 系统换表流程图

图 5-78 客户编号 2212266 更换电表后电量变化图

图 5-79 客户编号 2236407 系统换表流程图

图 5-80 客户编号 2236407 更换电表后电量变化图

◎**整治效果** 目前该台区线损下降至 0，如图 5-81 所示。

图 5-81 处理后系统线损图

第六章

客　　户

线损管理重要作用之一是发现供电企业自身内部各类管理问题，而另一重要作用是及时发现客户现场用电变化并排查异常，从而成为营销计量在线监测、用检巡视轮检等传统专业工作的有效补充和校验器。

本章案例反映了供电企业营销人员依靠用电信息采集系统和营销业务系统提供的海量数据，分析台区工况、客户用电变化，结合电力系统基本理论，及时发现客户现场用电异常并有效整改。主要分为窃电、超容、无表用电、谐波功率因数五个类别。

以线损变化为索引的数据分析，将营销人员从"挨户排查"转为"远程精确定位"提高了排查效率，更为广大电力客户提供干净、公平的用电环境。

第一节　窃　　电

案例 36　客户短接电能表内部进线端进行窃电

◎**案例现象**　某公共台区（台区编号：0200016624），是一台 400kVA 干式变压器线损率长期偏高，台区异常期内在线日线损走势如图 6-1 所示。

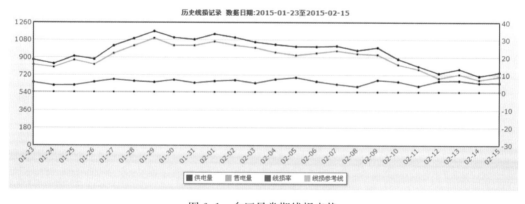

图 6-1　台区异常期线损走势

◎**核查结论**　公司台区线损核查小组开展联合会诊，综合检查关口计量、户变关系、客户计量和现场接线等方面。发现该台区下某客户电能表出厂封印有人为动过的痕迹，且电能表进线电流与显示电流差异明显，打开电能表后发现表内部进线侧被人为短接（如图 6-2 所示），确认客户窃电，导致台区线损率偏高。

◎**整改措施**　现场更换电能表，并对该客户按窃电处理。

◎**整治效果**　该台区线损率得到明显下降（如图 6-3 所示）。

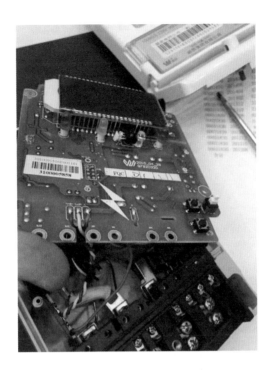

图 6-2　某客户电能表内部进线侧人为短接

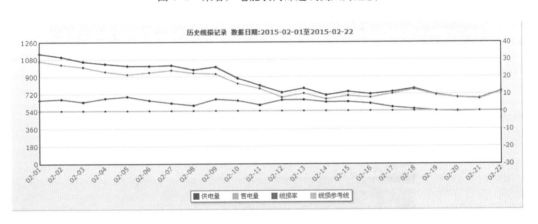

图 6-3　窃电处理后台区线损走势

案例 37　客户改变电能表内部芯片电路进行窃电

◎**案例现象**　某公共台区容量 630kVA，下接居民 293 户，非居民 15 户，台区异常期内在线线损走势如图 6-4 所示。

◎**核查结论**　该台区在 1 月 26 日前，线损率长期在 4%～6% 波动，前期排除台区户变关系错误。用检人员逐户核查，发现某客户计量资产（资产编号：0386653）出厂封印被破坏，测得电能表相线电流与电能表显示电流值差异达 4.4 倍，疑似窃电。

进一步核查，发现电能表安装至现场后有开盖记录：2012 年 12 月 25 日 00：30：37～2012 年 12 月 25 日 00：41：14 表盖被开（如图 6-5 所示）。

查询日期 2015-01-03 至 2015-02-02 * 查询

查询结果

图表 数据

电量日期	供电量	售电量	线损率	线损参考线
2015-01-10	1368	1314.89	3.88	
2015-01-11	1344	1300.49	3.24	
2015-01-12	1396	1317.94	5.59	
2015-01-13	1410	1333.82	5.4	
2015-01-14	1450	1370.3	5.5	
2015-01-15	1352	1279.06	5.39	
2015-01-16	1432	1348.94	5.8	
2015-01-17	1444	1364.82	5.48	
2015-01-18	1336	1268.97	5.02	
2015-01-19	1312	1241.49	5.37	
2015-01-20	1460	1389.27	4.84	
2015-01-21	1386	1314.39	5.17	
2015-01-22	1466	1396.13	4.77	
2015-01-23	1356	1267.58	6.52	
2015-01-24	1436	1346.24	6.25	

图 6-4　某台区异常期线损走势

数据名称	格式数据	读数据值
发生时刻	12年12月25日00时30分37秒	121225003037
结束时刻	12年12月25日00时41分14秒	121225004114
开表盖前正向有功总电能	0	00000000
开表盖前正向有功总电能	0	00000000
开表盖前第一象限无功总电能	0	00000000
开表盖前第二象限无功总电能	0	00000000
开表盖前第三象限无功总电能	0	00000000
开表盖前第四象限无功总电能	0	00000000
开表盖后正向有功总电能	0	00000000
开表盖后反向有功总电能	0	00000000

图 6-5　用电采集系统内该电能表开盖记录

电能表厂家开盖检查发现表计芯片上有焊接铁丝的痕迹（如图 6-6 所示），该铁丝焊接在表内芯片上电流采样信号回路的 VL＋、VL－处，形成分流电路，造成电表少计电量。

图 6-6　表计芯片焊接铁丝

◎**整改措施**　（1）更换客户电能表，对该客户按窃电处理。（2）加强业务培训。

窃电是影响低压台区线损的主要因素之一，窃电的主要方法有绕越计量装置和破坏电能表计量准确性两种。前者营销人员肉眼基本能够识别，检查难度较小；后者通过表的外观基本无法判别，必须通过测量电流进行比较，检查难度较大。因窃电现象通常较为分散，一个台区可能只有个别客户存在窃电现象，若台区供电量较大，即使有个别客户存在窃电，线损率可能仍在 5% 以内，通过线损统计手段很难确定是否存在窃电。

此类窃电手法较为隐秘，需在现场对电能表相线电流进行测量并与计量数据进行比对才能发现。针对此类窃电手法的检查最有效的方法就是能够查询到电能表的开盖记录。近期某地区已经发现 10 多块此类疑似窃电电能表，电能表开盖时间最早在 2012 年，最迟在 2015 年 1 月，由此可见，几年前已出现此类窃电手法，可能有大量类似情况还未被发现，若不采取相关技术措施，后果非常严重。

解决此类问题，只需对集中器和采集终端进行在线升级，并在用电信息采集系统计量在线监测模块中增加开盖记录查询功能。由系统统计所有开盖时间迟于安装时间的电能表清单。查询并处理近年来的此类窃电现象，并有效监控此类窃电事件，降低台区线损率，为公司挽回经济损失。

◎**整治效果** 1 月 26 日更换客户电能表后，线损率降至 1% 左右（如图 6-7 所示）。

电量日期	供电量	营电量	线损率	线损参考线
2015-01-19	1312	1241.49	5.37	
2015-01-20	1460	1389.27	4.84	
2015-01-21	1386	1314.39	5.17	
2015-01-22	1466	1396.13	4.77	
2015-01-23	1356	1267.58	6.52	
2015-01-24	1436	1346.24	6.25	
2015-01-25	1522	1430.71	6	
2015-01-26	1444	1429.1	1.03	
2015-01-27	1528	1511.87	1.06	
2015-01-28	1666	1646.53	1.17	
2015-01-29	1690	1671.89	1.07	
2015-01-30	1716	1696.41	1.14	
2015-01-31	1600	1581.82	1.14	
2015-02-01	1770	1753.1	0.95	
2015-02-02	1522	1503.79	1.2	

图 6-7　电能表更换后台区日线损数据

案例 38　比对同期用电量查明窃电客户

◎**案例现象**　某公共台区（台区编号：0000332912），日均损失电量达到 15～20kWh，营销统计、日在线线损率长期在 12% 左右波动（如图 6-8 所示）。

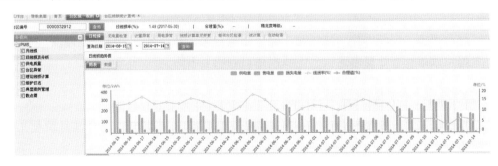

图 6-8　某公共台区异常期内在线线损走势

◎**核查结论**　查询该台区所接 44 户客户历史用电情况，与去年同期用电情况进行比对（见表 6-1）。发现某客户（客户户号：4001103）日电量同比大幅下降，且下降值与台区日损失电量较为接近，因此检查人员重点排查此户。

表 6-1   客户重点数据历史同期数据比对表   单位：kWh

2013 年历史数据			2014 年历史数据		
日期	有功总	每日电量	日期	有功总	每日电量
2013-07-11	5233.65	21.56	2014-07-11	6957.36	9.53
2013-07-10	5212.09	21.76	2014-07-10	6947.83	6.71
2013-07-09	5190.33	22.96	2014-07-09	6941.12	5.77
2013-07-08	5167.37	12.36	2014-07-08	6935.35	2.73
2013-07-07	5155.01	10.1	2014-07-07	6932.62	2.55
2013-07-06	5144.91	4.95	2014-07-06	6930.07	2.22
2013-07-05	5139.96	14.24	2014-07-05	6927.85	2.03
2013-07-04	5125.72	17.29	2014-07-04	6925.82	2.65
2013-07-03	5108.43	19.05	2014-07-03	6923.17	4.34
2013-07-02	5089.38	17.26	2014-07-02	6918.83	4.4
2013-07-01	5072.12	9.12	2014-07-01	6914.43	2.66

检查人员发现该户电能表表尾盖封印虚封，打开表尾盖后，发现客户在 1、3 号进线端私接负载进行窃电，如图 6-9 所示。

图 6-9   台区下某客户 1、3 号进线端私接负载

◎**整改措施**   现场拆除私接线路，停止窃电行为，对该客户按窃电处理。

◎**整治效果**   查处窃电后，台区线损率得到明显下降。

案例 39   客户绕越计量装置接线窃电 ------------------

◎**案例现象**   ××公共台区（台区编号：0300016015）供电半径合理且负荷集中，但持续高线损。

（1）典型日线损图：2014 年 12 月 7 日，台区全采集高线损，日损失电量高达 71.14kWh（如图 6-10 所示）。

（2）连续 30 天历史线损曲线，如图 6-11 所示。

◎**核查结论**   某客户（客户户号：4006022）绕越计量装置，私接线供家中负荷用电，现场窃电行为已取证，如图 6-12 所示。

图 6-10　××台区全采集下在线日线损

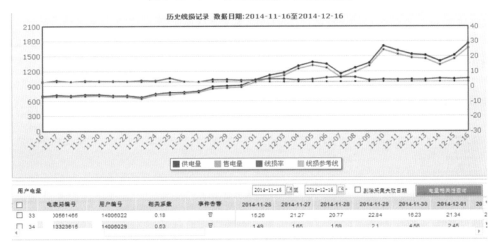

图 6-11　××台区异常期线损走势

图 6-12　台区下某客户绕越计量装置用电

◎**整改措施**　对该客户按照窃电行为进行查处，并对窃电现场进行整改。

◎**整治效果**　自 2014 年 12 月 18 日起，该台区线损率得到明显下降，如图 6-13 所示。

案例 40　客户私自接线窃电导致线损增高 -------------------------------

◎**案例现象**　某公共台区原线损率持续稳定，某日线损率突然异常增高。

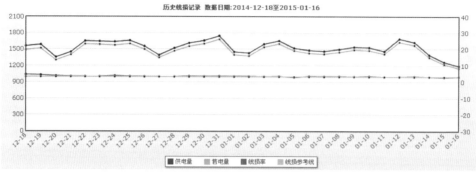

图 6-13　异常处理后台区线损走势

（1）典型日线损图：2014 年 9 月 26 日，台区全采集正线损，日损失电量高达 74.7kWh，如图 6-14 所示。

图 6-14　台区异常期日线损

（2）连续 30 天历史线损曲线，如图 6-15 所示。

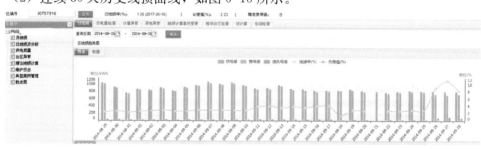

图 6-15　台区异常期线损走势

◎**核查结论**　该客户（客户号：9006515），从该公共台区沿墙线路的控制箱开关处，私自绕越计量装置用电。

◎**整改措施**　立即拆除私接线路，停止窃电行为，按照窃电行为进行查处。

◎**整治效果**　台区线损率自 2014 年 9 月 29 日起恢复正常，如图 6-16 所示。

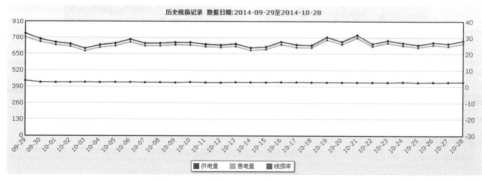

图 6-16　异常处理后台区线损走势

第二节　超　　容

案例 41　客户超载运行时线损率发生异常 ------------------------------

◎**案例现象**　××公共台区（台区编号：0000022559）下某客户生产用电负荷较大时，线损率发生异常。

（1）典型日线损，如图 6-17 所示。

图 6-17　台区异常期日线损

（2）连续 30 天历史线损长期异常，如图 6-18 所示。

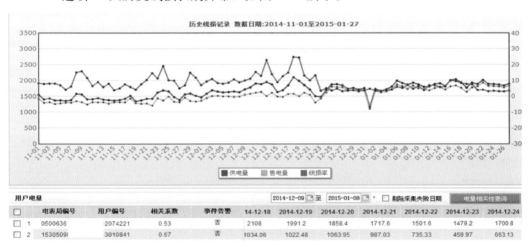

图 6-18　××台区异常期线损走势

◎**核查结论**　××客户 A（客户户号：3010841）合同容量为 40kW，2014 年 11 月 29 日现场检查，发现实际需量 59.5kW，电能表显示三相电流达 100A 左右（如图 6-19 所示），实际每相电流测量值均超 150% 。

◎**整改措施**　对客户 A 进行超容整治。

◎**整治效果**　客户 A 控制用电负荷后，线损率明显下降，如图 6-20 所示。

案例 42　客户因超容影响正确计量 ------------------------------

◎**案例现象**　××公共台区（台区编号：0000001220）持续高线损。

图 6-19　台区下某客户现场 W 相电流

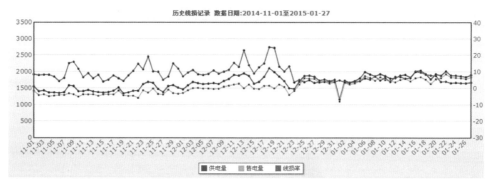

图 6-20　异常处理后台区线损走势

（1）典型日线损图：2015 年 1 月 9 日，发现该台区全采集，日损失电量 38.78kWh，如图 6-21 所示。

图 6-21　××台区全采集下在线日线损

（2）2014 年 12 月 12 至 2015 年 1 月 12 日历史线损长期异常如图 6-22 所示。

◎**核查结论**　××动力机械制造有限公司（客户户号：3014864）、某农机配件厂（客户户号：3015231）用电量较多，日用电量均在 150kWh 左右，遇有休息日，该台区线损率正常，现场用钳形电流表核查发现客户电流分别达到 147、129A，远远超出电能表量程。

◎**整改措施**　1 月 13 日，现场对该客户进行了 150/5 互感器更换处理，处理后线损率保持在 1% 左右，这一现象说明客户因超容导致直接接入式表产生计量误差，更换下来的为某仪表有限公司 3×380/220V、10（100）A 电能表。

◎**整治效果**　自 2015 年 1 月 13 日起该台区线损率明显下降。

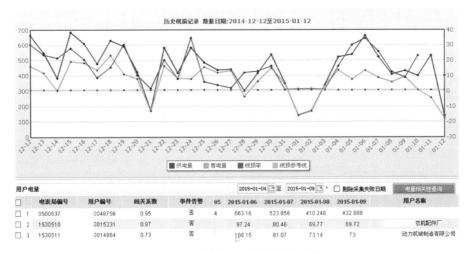

图 6-22　某台区异常期线损走势

第三节　谐　波　干　扰

案例 43　谐波干扰导致采集抄表失败 ------------------

◎**案例现象**　××公共台区（台区编号：0280021235）在 2015 年 11 月连续多日线损率明显偏高。

（1）典型日线损图，如图 6-23 所示。

图 6-23　××台区异常期线损数据

（2）台区在线日线损长期异常，如图 6-24 所示。

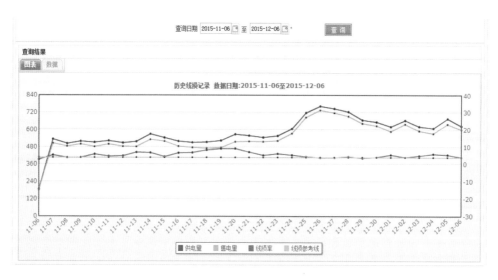

图 6-24 ××台区异常期线损走势

◎**核查结论** 该台区下存在同一时间多客户采集数据失败（客户户号：2506529、3003936、2506525、2506516、2506528、2506526），造成售电量统计缺失。

现场核查时发现：以上客户均为该台区下同一接户点的客户，由于第一户（客户户号：2506525）家中有一台老旧彩电产生谐波干扰（如图 6-24 所示），致使后面几户同时抄表失败。

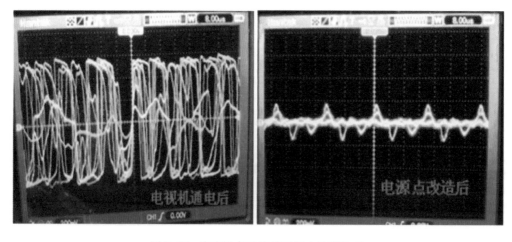

图 6-25 客户设备改造前后用电波形比对

◎**整改措施** 采取分相供电，现场供电线路为三相四线，该客户单独选取一相供电，采集器和其他多户取其他两相电源供电。

◎**整治效果** 上述客户抄表全部成功，该台区线损率明显下降，如图 6-26 所示。

查询日期 2015-11-06 至 2015-12-06 *　　　查询

查询结果

图表　**数据**

电量日期	供电量	售电量	线损率
2015-11-22	546.6	518.11	5.21
2015-11-23	557.4	523.46	6.09
2015-11-24	606.6	574.46	5.3
2015-11-25	717.6	686.39	4.35
2015-11-26	763.8	735.46	3.71
2015-11-27	745.8	717.42	3.81
2015-11-28	724.2	693.02	4.31
2015-11-29	667.8	644.26	3.53
2015-11-30	654	627.72	4.02
2015-12-01	621.6	587.54	5.48
2015-12-02	665.4	639.14	3.95
2015-12-03	622.2	591.3	4.97
2015-12-04	610.2	573.67	5.99
2015-12-05	676.8	639.18	5.56
2015-12-06	625.8	600.89	3.98

图 6-26　现场处理后台区线损数据

第四节　未装表计量用电

案例 44　小区变电站自用电未计入用电量

◎**案例现象**　××公共台区（台区编号：0101052330），该台区线损率长期偏高。

（1）典型全采集下日线损异常，如图 6-27 所示。

图 6-27　××台区全采集下日线损

（2）台区线损长期异常，如图 6-28 所示。

◎**核查结论**　该小区变电站自用的空调、直流屏等配套设施未装表计量，日用电量较大，如图 6-29 所示。

◎**整改措施**　对小区变电站内的空调、直流屏等配套设施进行建户装表计量，如图 6-30 所示。

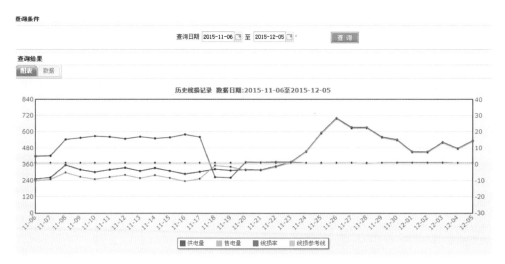

图 6-28 ××台区异常期线损走势

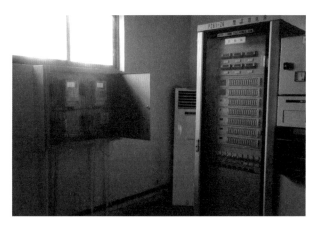

图 6-29 小区变电站内的空调等大功率用电

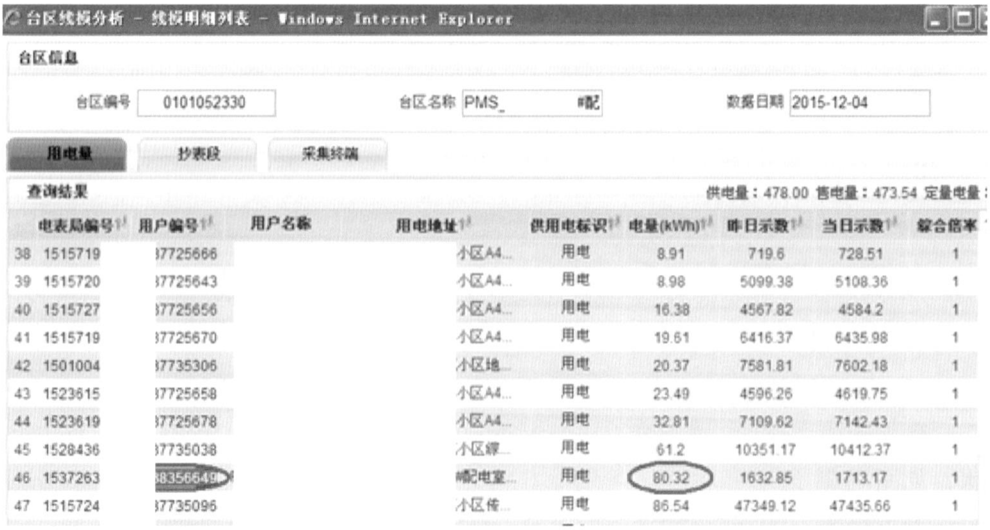
台区线损分析 - 线损明细列表 - Windows Internet Explorer

台区信息

台区编号 0101052330　台区名称 PMS_ #配　数据日期 2015-12-04

用电量　抄表段　采集终端

查询结果　供电量：478.00 售电量：473.54 定量电量：

	电表局编号	用户编号	用户名称	用电地址	供用电标识	电量(kWh)	昨日示数	当日示数	综合倍率
38	1515719	37725666		小区A4...	用电	8.91	719.6	728.51	1
39	1515720	37725643		小区A4...	用电	8.98	5099.38	5108.36	1
40	1515727	37725656		小区A4...	用电	16.38	4567.82	4584.2	1
41	1515719	37725670		小区A4...	用电	19.61	6416.37	6435.98	1
42	1501004	37735306		小区地...	用电	20.37	7581.81	7602.18	1
43	1523615	37725658		小区A4...	用电	23.49	4596.26	4619.75	1
44	1523619	37725678		小区A4...	用电	32.81	7109.62	7142.43	1
45	1528436	37735038		小区绿...	用电	61.2	10351.17	10412.37	1
46	1537263	38356649		#配电室...	用电	80.32	1632.85	1713.17	1
47	1515724	37735096		小区传...	用电	86.54	47349.12	47435.66	1

图 6-30 小区变电站自用电每日用电量（装表采集后）

◎**整治效果**　该台区线损降为 0.93%，如图 6-31 所示。

图 6-31　所用电装表采集后台区线损

案例 45　**单相小功率设备无表无户用电** ┄┄┄┄┄┄┄┄┄┄┄┄┄┄┄┄┄

◎**案例现象**　××公共台区（台区编号：00638497），容量为 400kVA，该台区线损率长期偏高。

（1）台区全采集下日线损异常，如图 6-32 所示。

图 6-32　××台区全采集下在线日线损

（2）台区线损长期异常，如图 6-33 所示。

图 6-33　××台区异常期线损走势

◎**核查结论**　该台区下有电信小功率设备，属于集团客户，统一建户统一交纳电费，造成售电量统计缺失。

◎**整改措施**　经现场核实后，将台区小功率设备建户到台区。

◎**整治效果**　该台区线损降为 3.54％，如图 6-34 所示。

图 6-34　小功率建档后台区线损

第五节　功率因数低

案例 46　客户功率因数偏低导致高线损

◎**案例现象**　××公共台区（台区编号：0000324580）持续高线损，线损率在 9％左右，日均损失电量达到 90kWh，如图 6-35 所示。

变电站名称	线路名称	台区编号	台区名称	考核	线损率(%)	供电量(kWh)	售电量(kWh)	损失电量 (kWh)	变比偏差率
		0000324580		是	7.59	1154	1066.45	87.55	1.01

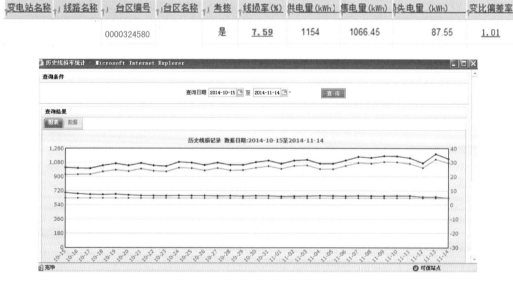

图 6-35　××台区异常期线损走势

◎**核查结论**　该台区末端有一大动力客户（客户户号：8005257），合同容量

44kW，对该客户计量运行数据检查时，发现其功率因数持续偏低，达 0.53 左右，且客户端电压明显偏低，建议采用无功补偿方式进行解决。

◎**整改措施** 经与客户沟通后，该动力客户进行了无功补偿（15kvar×4 只）。整改完成后至客户端计量表显示 U、V、W 三相电压分别为 223、216、225V，U、V、W 三相电流分别为 43、43、42A，总功率因数提升至 0.865，见表 6-2。

◎**整治效果** 通过安装电容补偿后，该台区损失电量 42.92kWh，较之前损失电量下降了 30kWh 左右，线损率降为 3.78%。

表 6-2 客户加装补偿后数据对比

日期	U_U	U_V	U_W	I_U	I_V	I_W	cso φ	线损率	日损失电量
补偿前	210V	206V	210V	63A	61A	63A	0.485	7.59%	73kWh
补偿后	223V	216V	225V	43A	43A	42A	0.865	3.78%	41 kWh

第七章

设　备

本章介绍了四个因设备原因引起的低压台区高线损案例，主要分为低压台区供电半径过长或线径小、三相负载不平衡、负载率低、设备损耗占比高和绝缘不良导致放电，这些现状在低压台区高线损的分析中具有普遍性，需要营销与配网联动互补，并提出相应措施，以解决同类问题。

通过该部分案例分析，可以看到在当下的配网改造过程中，需要坚持配网改造的总体设计原则与技术标准，开展典型设计、同类台区设备健康状况比对，有目的性地进行完善与改造，以解决设备运行中存在的隐形问题。需要从多角度来思考线损这一综合性工作，完善现有营销与配网的联动机制，明确各节点责任部门与责任人员，建立可行性的营销与配网互动流程，并从客户端源头抓起，把控申请、勘察、设计、审核、实施、验收等诸多环节，只有这样才能使现有的设备运行更健康、更合理，同时也能让广大的电力客户享受到优质的绿色能源。

第一节　供电半径过长或线径小

案例 47　客户接户线线径过细导致高线损

◎**案例现象**　××公共台区（台区编号：0101329051），持续高线损。

（1）典型日线损图：2014 年 11 月 7 日，发现该台区正向高线损，日损失电量高达 854.14 kWh，如图 7-1 所示。

图 7-1　××公共台区典型日线损图

（2）历史线损曲线图：2014 年 11 月 1 至 2014 年 12 月 24 日线损，如图 7-2 所示。

◎**核查结论**　某企业客户（客户户号：4010500），动力容量为 47kW，生产塑料制品，接户线型号为 BLV-70，长约 50m，接户线线径过细。

◎**整改措施**　接户线更换导线为 4×120mm 铝芯电缆。

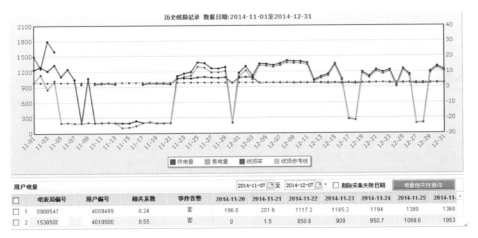

图 7-2 ××公共台区历史线损曲线图

◎**整治效果** 该措施实施后，自 2014 年 12 月 4 日起该台区线损率明显下降，如图 7-3 所示。

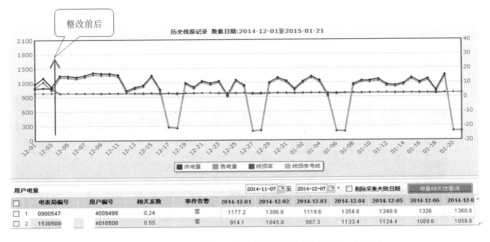

图 7-3 ××公共台区实施整改前后台区线损对比图

第二节 三相负载不平衡

案例48 三相负荷不平衡导致线损超高

◎**案例现象** ××公共台区（台区编号：0280009275）是容量为 250kVA 的杆架变，该台区因三相负荷不平衡导致台区线损率偏高。

(1) 典型日线损图，如图 7-4 所示。

(2) 历史线损曲线图，如图 7-5 所示。

(3) 10 月 29 日电流曲线图，如图 7-6 所示。

◎**核查结论** 该台区在 7：15，U 相电流 91.44 A，V 相电流 41.2 A，W 相电流 12.4 A，三相电流存在严重不平衡。

图 7-4　××公共台区典型日线损图

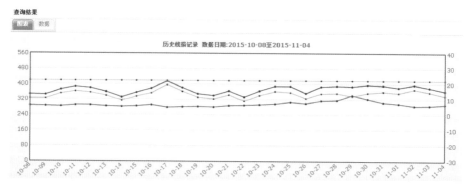

图 7-5　××公共台区历史线损曲线图

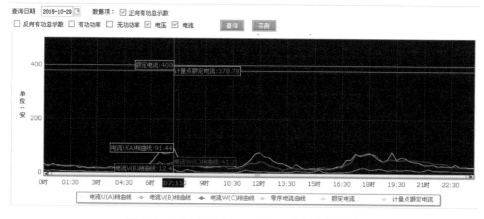

图 7-6　××公共台区 10 月 29 日电流曲线图

◎**整改措施**　平衡台区的三相负荷。

◎**整治效果**　经平衡台区三相负荷后，线损率明显下降，如图 7-7 所示。

图 7-7　××公共台区三相负荷平衡后典型日线损图

第三节 负载率低、设备损耗占比高

案例 49 负荷率低、设备损耗大，导致台区线损率偏高

◎**案例现象** 某新小区变（台区编号：0101926672），变压器容量为 630 kVA，线损率长期在 8%以上。

（1）典型日线损图，如图 7-8 所示。

图 7-8 ××公共台区典型日线损图

（2）历史线损曲线图，如图 7-9 所示。

图 7-9 ××公共台区历史线损曲线图

◎**核查结论** 该台区属于新小区，客户入住率低，负荷低，日供电量仅 110 kWh 左右，日损失电量 10 kWh 左右，导致线损偏高。

◎**整改措施** 措施 1：客户入住率自然提升，增加客户端统计售电量。措施 2：开展计量装置误差测试，判断计量表或者互感器误差，对关口表计量装置实施局部更换。

◎**整治效果** 该居住区客户入住率提高后，台区日供电量明显增大，线损率明显降低，如图 7-10 所示。

图 7-10 该居住区客户入住率提升后典型日线损图

第四节 绝 缘 不 良

案例 50 低压线路搭在横担上放电，引起台区高线损 --------

◎**案例现象** ××公共台区（台区编号：0000007445），长期高线损。

（1）典型日线损图，如图 7-11 所示。

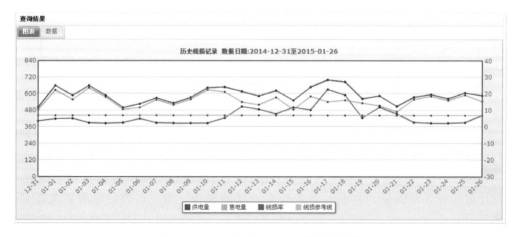

图 7-11 ××公共台区典型日线损图

（2）历史线损曲线图，如图 7-12 所示。

图 7-12 ××公共台区历史线损曲线图

◎**核查结论** 该台区 0.4kV 某线 A14 号电杆 V 相裸导线落在横担上，该 0.4kV 线路从 A12 号电杆到 A18 号电杆为 LGJ 型导线，后段无客户负荷，且导线大部分都在树中，如图 7-13 所示。

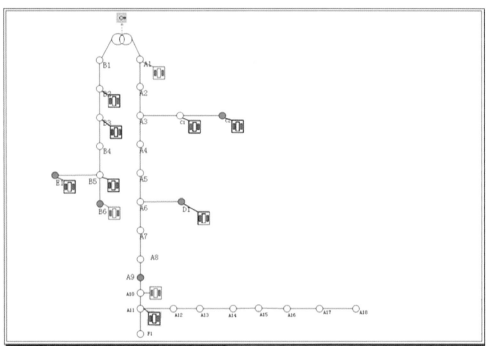

图 7-13 ××公共台区现场实景与台区杆塔示意图

◎**整改措施** 对该段低压 0.4kV 线路进行消缺。

◎**整治效果** 自 2015 年 1 月 22 日起线损得到明显下降，如图 7-14 所示。

案例 51 接户线接触墙体放电，漏电保护设备未动作

◎**案例现象** ××公共台区（台区编号：0102145021）下接有居民客户 213 户、非居民客户 3 户，台区线损率长期偏高，最高达时达 10% 左右，采取多种措施检查，未发

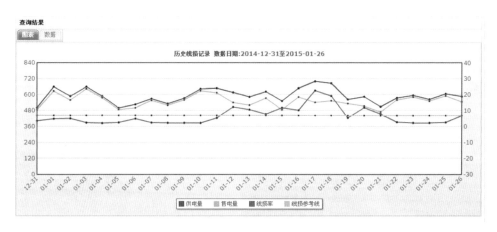

图 7-14　××公共台区整改前后线损对比图（节点 1 月 22 日）

现明显问题。

（1）历史线损局部异常曲线图，如图 7-15 所示。

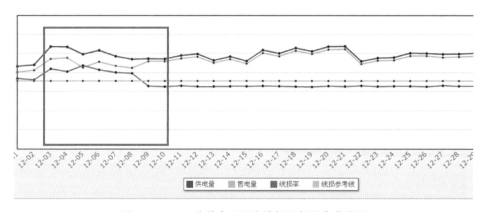

图 7-15　××公共台区历史线损局部异常曲线图

（2）历史线损曲线图，如图 7-16 所示。

图 7-16　××公共台区历史线损曲线图

◎**核查结果**　检查人员发现该台区总漏电保护器的泄漏电流值偏大，经现场逐户排查，查见某客户表箱接户线因绝缘损坏，接触墙体放电，但台区总漏电保护器泄漏电流整定值设置异常，没有动作。

◎**整改方式**　现场更换接户线，并调整总漏电保护泄漏电流整定值。

◎**整改效果**　整改后该台区线损率明显下降，如图 7-17 所示。

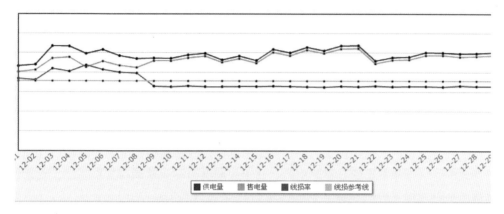

图 7-17　实施整改后历史线损下降对比图

第八章

线 路 线 损

本章详细介绍了线路线损的影响因素，包括线变、线表、关口倍率等档案原因，TV、TA故障或异常等计量原因，电流、电压、遥控等窃电方面原因，公司自用电、运行方式改变等其他原因。

在电网线损中，占据比例最大的损耗是配电网的线路线损。配网线路线损管理是一项跨专业综合性很强的工作，横跨生产、营销、调度等专业领域，其重要性、复杂性不容忽视。本章详细分析汇总了9种配网线路线损典型案例，并深度挖掘问题背后的根源、整改措施以及整治效果，为以后类似问题的解决提供帮助和借鉴，具有较强指导意义和推广价值。

第一节 档 案

案例 52 线变关系差错导致线损异常

◎**案例现象** 10kV出线A线损长期高线损，线损值23.73%。

◎**核查结论** 2014年12月26日营销人员现场核查出线A线变关系，PMS系统图示中，客户C1、C2误挂接于10kV出线B上，与现场挂接不符，导致出线A长期高损，出线B长期负线损，两条线路组合计算线损为0.01%，见表8-1。

表8-1　　　　　　　　　　　组 合 计 算 线 损

线路名称	线损率	供电量（kWh）	售电量（kWh）	损失电量（kWh）
10kV出线A	23.73%	26160	19952.11	6207.89
10kV出线B	−19.15%	19880	35602.07	−5722.07
组合	0.01%	56040	55554.18	485.82

◎**整改措施** （1）调整两专变客户线变关系；（2）以线损值为入手，营销、配电人员协同开展现场线变关系核查。

◎**整治效果** 调整户线变关系后，1月10日出线A线损为3.57%，但出线B线损率为−2.48%，损失电量740kWh，仍需进一步现场核查。

案例 53 双电源客户线表关系错误引起异常线损

◎**案例现象** 10kV出线A长期维持−3189%左右的线损，关口配置、线变关系均正确。出线A接有高压客户C1、C2，日供电量为228kWh，日售电量7500kWh，日损失电量7272kWh。

◎**核查结论**　客户 C1 为双电源客户，一路主供电源为 10kV 出线 A，另一路主供电源为 10kV 出线 B。排查发现 10kV 出线 B 线损为 54.81%，供电量为 13728kWh，售电量为 6203.26kWh，损失电量为 7524.74kWh。客户 C1 用电量为 7500kWh。

经现场核查，确定客户 C1 供电线路系统档案正确，但两条供电线路与结算表计对应关系错误。将两条线路组合计算线损为 1.81%，见表 8-2。

表 8-2　　　　　　　　　　组 合 计 算 线 损

线路编号	线路名称	线损率（%）	供电量（kWh）	售电量（kWh）	损失电量（kWh）
001760	10kV 出线 A	−3189.47	228	7500	−7272
001047	10kV 出线 B	54.81	13728	6203.26	7524.74
组合捆绑统计		1.81%	13956	13703.26	252.74

◎**整改措施**　（1）修改客户 C1 系统线表档案；（2）开展双电源客户线户表关系准确性核查。

◎**整治效果**　双电源客户线户表关系准确，提升线损计算有效性。

案例 54　电能量系统供电关口倍率差错引起负线损

◎**案例现象**　A 变电站的 10kV 出线 A 日线损 −116.24%，线路负荷较小，仅有 2 个公共台区，台区容量分别为 50、100kVA。

◎**核查结论**　第一步核对供电量，电能量采集系统中关口综合倍率档案为 4000，营销系统中却为 8000，计量人员现场核实综合倍率应为 8000。

第二步分析售电量，系统对高供低计台区均将变压器损耗计入售电量，铁损电量均计为 26 kWh/天，铜损系数均设为 0.1，高于变损计算标准表，见表 8-3 和表 8-4。

表 8-3　　　　　　用采分线模块两户日电量计算值

客户编号	客户名称	日电量（kWh）	铁损（kWh/天）	铜损（%）
3505055748	东渚 5♯变	236.89	26	0.01
3505055747	东渚 4♯变	195.58	26	0.01

表 8-4　　　　　　按电费专业计算标准的日电量值

客户编号	客户名称	抄见电量（kWh）	铁损（kWh/天）	铜损（%）
3505055748	东渚 5♯变	208.8	4.80	0.015
3505055747	东渚 4♯变	167.904	3.13	0.015

◎**整改措施**　（1）修改电能量采集系统关口档案基础信息；（2）修改用电信息采集系统公变铜、铁损计算标准，合理计算高供低计台区或客户的售电量。

◎**整治效果**　修改系统关口综合倍率后，线损率升至 −8.12%。按电费专业计算标准重制标准，以变损计算标准表中 50、100 kVA 的 S11 变压器为例参与线路线损计算，出线 A 线损率 2.43%。

第二节 计 量

案例 55 客户电能表故障及 TV 熔断综合问题造成线损异常

◎**案例现象** 10kV 出线 A 接有 8 户高压客户和一台公共台区，2015 月 8 日前线损正常，5 月 9 日线损突增至 30%。

◎**核查结论** 系统核查，发现高压客户 C1 在 5 月 9 日到 5 月 16 日期间无用电量，现场检查后发现该户电能表故障，5 月 17 日完成电能表更换。

出线 A 5 月 18 日线损仍高达 20%，发现客户 C1 更换电能表后日用电量仅为故障前电量的 1/4，进一步发现该户的计量二次电压异常，A 相电压仅为 16V，C 相电压为 56V。再次现场检查发现该客户计量 TV 两相熔丝熔断，导致计量电压异常，用电量少计，导致线损异常。如图 8-1 所示为出线 A 线损率曲线走势。

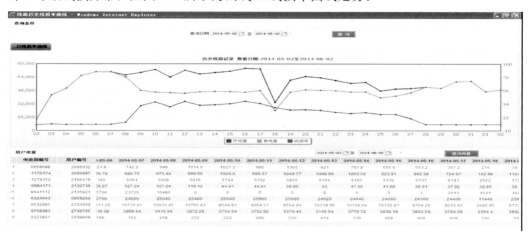

图 8-1 出线 A 线损率曲线走势

◎**整改措施** （1）更换计量 TV 熔丝；（2）与客户商议，完成电量追补。

◎**整治效果** 线损恢复正常，挽回公司经济损失。

案例 56 换表后电流连片未打开造成线损异常

◎**案例现象** 2015 年 7 月 10 日 10kV 出线 A 的售电量突减，线损增至 56%，三天后线损降至 40.62%。如图 8-2 所示为出线 A 线损率曲线走势。

◎**核查结论** 经过客户电量变化分析，锁定客户 C1，该户于 2015 年 7 月 7 日换表，12 日系统相关传票归档，因此 10~12 日该户用电量采集不成功，13 日恢复用电后，日用电量明显小于前期，如 7 月 9 日换表前日电量 21651kWh，换表后每日用电量维持于 800~1000 kWh，后经现场检查发现电能表电流连片未打开，电流短接造成电量少计。

◎**整改措施** （1）正确接线；（2）与客户商议，完成电量追补。

◎**整治效果** 线损恢复正常，挽回公司经济损失。

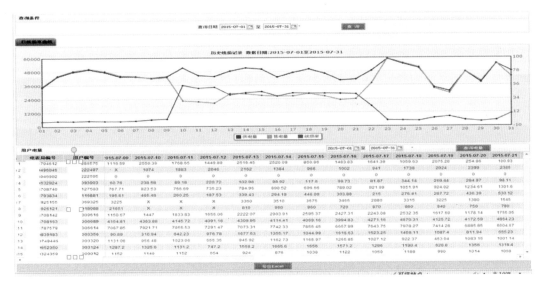

图 8-2　出线 A 线损率曲线走势

第三节　客　　户

案例 57　客户 C1 钢结构短接电流互感器二次接线窃电

◎**案例现象**　反窃电人员通过线路线损分析，发现城区 10kV 出线 A 自 3 月 14 日起线损异常。通过用电信息采集系统对该线路供电的用电单位逐户分析，比对调度系统线路电流曲线和电能量系统关口表每小时供电量，发现 3 月 14 日 23：00，该线路供电电流从平时的 10～20A 突增至 80～100A，直到第二天 8：00 结束。

◎**核查结论**

（1）分析用电信息采集系统线路线损数据，10kV 出线 A 自 3 月 14 日起，线损突增，日损失电量 17000kWh，疑似该线路发生窃电。如图 8-3 所示为出线 A 线损率曲线走势。

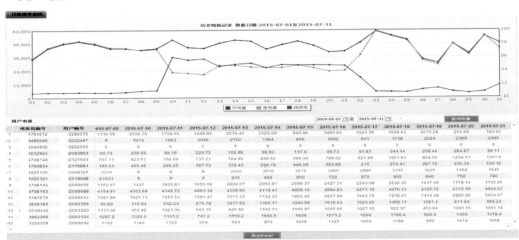

图 8-3　出线 A 线损率曲线走势

（2）分析线路日损失电量，初步确定嫌疑客户范围。该线路日损失电量 17000kWh，按一般窃电户日生产时间 12～18h，一般窃电户超容 30%左右计算，初步确定嫌疑客户变压器容量在 700～1200kVA。查询用电信息采集系统，该线路下高压客户 10 个，合同容量在上述区间为客户 C1。如图 8-4 所示为客户 C1 用电信息分析。

2015-03-12 至 2015-03-18 查询电量

编号	用户编号	用户名称	用电地址	合同容量	电表类型	用电类别
3578	1004146	南		400	5时段+远程+GPRS	考核
0135	1000811	业有限公司		3980	电子式-普通型	大工业用电
7840	1000811	业有限公司		3980	电子式-多功能	大工业用电
8575	1000703	工程有限公司		800	电子式-多功能	大工业用电

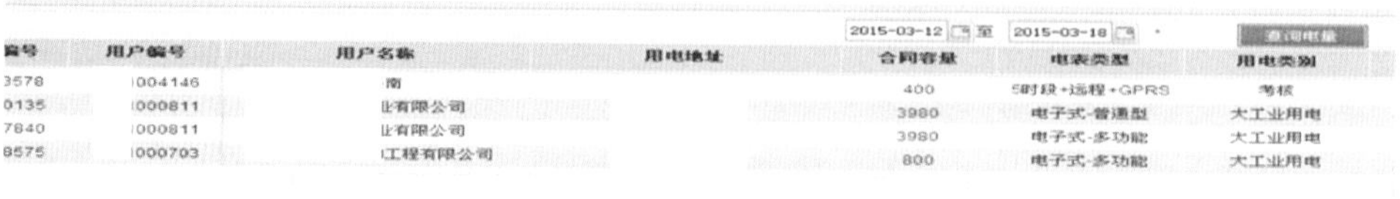

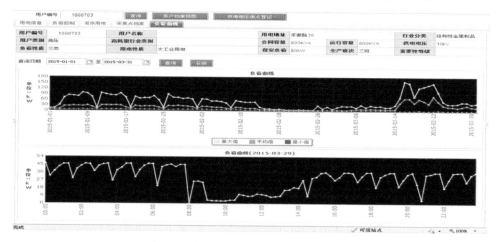

图 8-4 客户 C1 用电信息分析

（3）分析客户日负荷曲线与线路线损突变时点。自 3 月 14 日起客户负荷增加，与线路线损突变时点相吻合。如图 8-5 所示为客户日负荷与线路线损曲线走势。

图 8-5 客户日负荷与线路线损曲线走势

（4）分析调度实时系统，比对线损突变日前后供电侧负荷曲线，显示线损异常后，线路负荷突增时段为每天 14：45～次日 8：00 左右，线路电流增加约 70～90A，负荷波型符合中频炉生产特性。如图 8-6 所示为调度关口负荷曲线走势。

查询嫌疑客户分时负荷曲线。客户每天 8：00 和 14：45 左右有两个突变点。其他时段负荷变化趋势与调度实时系统反应的供电侧线路负荷变化趋势高度吻合。如图 8-7 所示为客户分时负荷曲线走势。

结论：综合三个系统对比客户侧用电采集计量功率、电流曲线和供电电量、线路电流曲线，检查人员锁定客户 C1 窃电。

◎**整改措施** 在上述数据分析的基础上，反窃电人员展开现场外围调查，发现该客户厂区主要通道和配电间门前均装有监控探头；配电间生产时间大门紧闭，配电间里面有专人值守；生产时间车间大门紧闭。

反窃电人员和公安民警制定了周密的行动计划，10 余名公安人员与 10 名用电检查员分成三个行动小组，于 5 月 26 日 22：30，出其不意地攻破厂区，“杀入”配电间、地条钢车间，当场查获短接供电企业计量电流互感器二次端子的窃电装置以及违法生产的地条钢 40t。

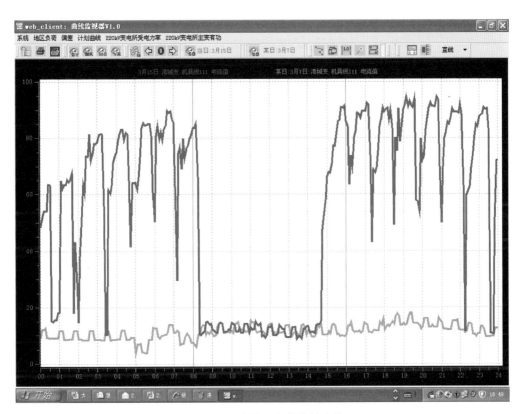

图 8-6　调度关口负荷曲线走势

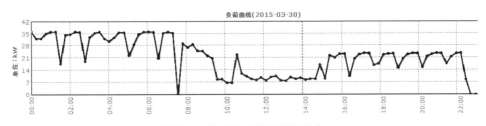

图 8-7　客户分时负荷曲线走势

　　反窃电人员会同公安人员制定了周密的抓捕计划，一举破获了这起违法生产地条钢窃电案。经审讯，郑某和周某采用自制 U 形短接线短接电流互感器二次接线窃电，每天 14:45 左右开始短接，至次日 8:00 左右恢复。

　　◎**整治效果**　分线线损恢复正常，挽回公司经济损失。

案例 58　客户短接接线盒二次电流回路窃电 ┈┈┈┈┈┈┈┈┈┈┈┈┈┈┈┈

　　◎**案例现象**　检查人员通对比春节前后及春节期间线路线损变化，发现 10kV 线路 B 线损异常。

　　◎**核查结论**

　　（1）10kV 线路 B 自 2 月 3 日～3 月 3 日间线路线损趋于正常。春节前后，线损异常，日损失电量 25000kWh 左右。从日损失电量初步确定问题客户变压器容量在 1000～1600kVA 左右。如图 8-8 所示为出线 B 线损率曲线走势。

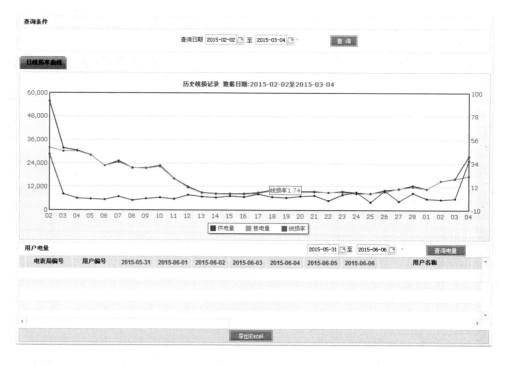

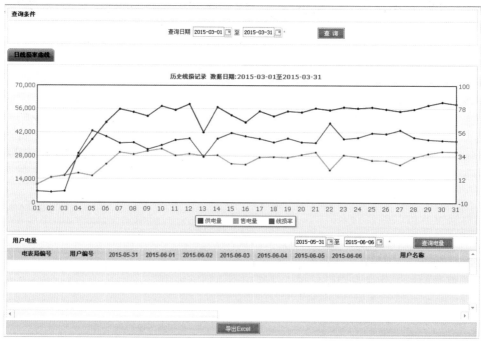

图 8-8 出线 B 线损率曲线走势

（2）线路 A 共有高压客户 55 个。其中三个客户合同容量分别为 1000、1600kVA 和 1760kVA。

（3）查询营销系统，合同容量为 1000kVA 的客户 C1 在 2 月 3 日～3 月 3 日期间暂停，该时间点和线路线损异常点相吻合。如图 8-9 所示为客户 C1 用电客户信息。

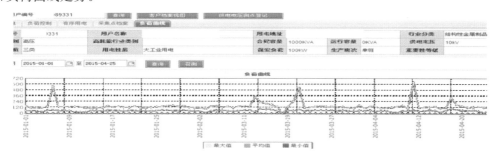

图 8-9　客户 C1 用电客户信息

（4）客户 C1 日负荷曲线显示，每月有 1 天时间需量较高。由于检查人员以月需量计算当月最大值，窃电人常用此手段对付反窃电人员的检查。如图 8-10 所示为客户 C1 日负荷曲线走势。

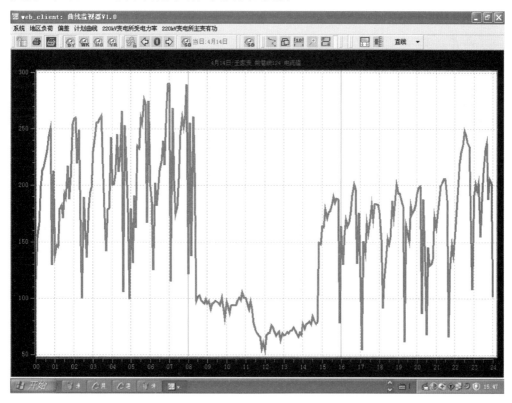

图 8-10　客户 C1 日负荷曲线走势

（5）比对调度系统供电侧线路电流曲线和用电信息采集系统客户负荷曲线，发现客户用电分时变化趋势和线路电流分时变化趋势高度吻合。如图 8-11 所示为线路电流曲线走势，如图 8-12 所示为用采客户负荷曲线走势。

图 8-11　调度关口电流曲线走势

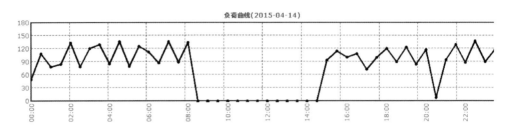

图 8-12 用电信息采集系统客户负荷曲线走势

结论：经过调度实时系统线路负荷曲线与用电信息采集系统客户负荷曲线比对分析，营销系统客户用电信息分析以及客户电流、电压分析，锁定客户 C1 为窃电嫌疑户。

◎**整改措施** 在上述数据分析的基础上，检查人员展开现场外围调查，发现该客户厂区四周被高墙围住，工厂大门采用密封式大门，高约 2.5m，厂区门口装有两个监控探头。反窃电人员会同公安民警制定了周密的行动计划，突破窃电人员设置的重重障碍，现场起获用于短接接线盒二次电流回路的窃电装置，抓获窃电嫌疑人。

经审讯，犯罪嫌疑人采用自制 U 形短接线短接计量接线盒二次电流回路窃电，每天 14：45 左右开始短接，至次日 8：00 左右恢复。

◎**整治效果** 分线线损恢复正常，挽回公司经济损失。

案例 59 客户高科技遥控窃电

◎**案例现象** 10kV 线路 A 线损稳定于 3.85%，自 7 月 15 日起线损突增，16 日达到 20.37%，日损失电量 18000kWh。

◎**核查结论**

（1）由线路 A 供电的客户 C，2015 年 7 月 14 日申请 800kVA 变压器恢复运行，实际运行容量 1200kVA。如图 8-13 所示为线路 A 日线损率曲线走势。

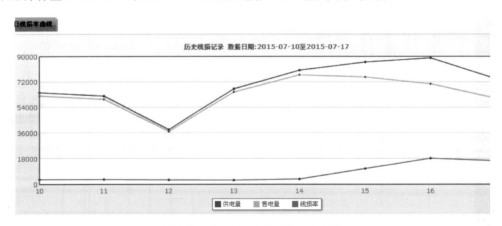

图 8-13 线路 A 日线损率曲线走势

（2）检查人员发现 7 月 15 日线路 A 关口供电侧电流出现马鞍形曲线，初步判断客户新增中频炉负荷。电流增量约 60～100A，负荷增量约 1000～1700kW。如图 8-14 所示为线路 A 关口电流曲线走势。

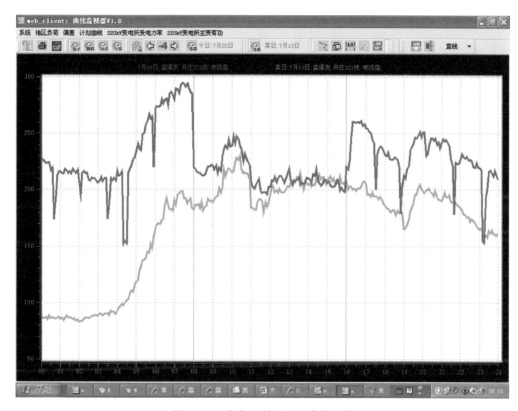

图 8-14 线路 A 关口电流曲线走势

（3）客户 C 于 2015 年 7 月 14 日申请一台 800kVA 变压器恢复运行，实际运行容量 1200kVA，比对客户负荷曲线，该户负荷曲线变化趋势与线路电流变化曲线高度一致。如图 8-15 所示为客户 C 负荷曲线走势。

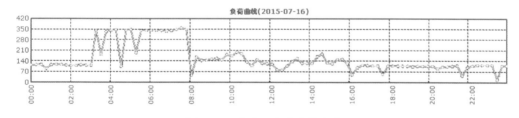

图 8-15 客户 C 负荷曲线走势

结论：经比对客户 C 负荷曲线及外围调查，确认改户有重大窃电嫌疑。

◎**整改措施** 在上述数据分析的基础上，检查人员展开外围调查，发现该户厂内有一个租户生产地条钢窝点，且在 800kVA 变压器周围安装了 3 台大型风扇强制降温。经了解，该户户主为防止租户窃电，特聘请电工加强配电房管理，并更换了配电房大门及门锁，租户不能随意进入配电房。综合判断该户极有可能采用高科技遥控窃电。检查人员会同公安民警制定了周密的行动计划，7 月 17 日突破窃电人员设置的重重障碍，出其不意从窃电嫌疑人餐厅查获窃电遥控器。经计量箱开箱检查，查获装有遥控接收装置的联合接线盒。该户为地条钢生产窝点。

◎**整治效果** 分线线损恢复正常，挽回公司经济损失。

第四节 其 他

案例60 线路A倒供线路B负荷引起线损波动 ----------------------------

◎**案例现象** 10kV线路A线损2.86%，长期稳定，但在2015年1月15日线损下降，16日突降呈现高负线损；10kV线路B线损2.32%长期稳定，但在1月15日增高，至16日线损值升至7.57%。如图8-16所示为线路A线损率曲线走势，如图8-17所示为线路B线损率曲线走势。

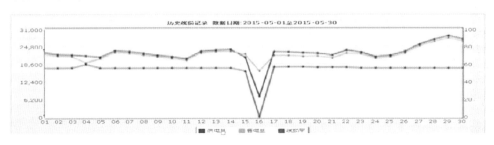

图8-16 线路A线损率曲线走势

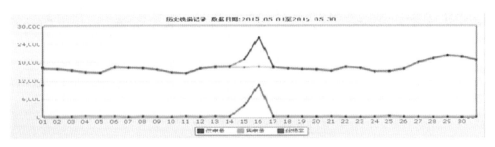

图8-17 线路B线损率曲线走势

◎**核查结论** 配电人员告知现场未有发生户变关系调整，线路所接客户用电正常，未有突变。查询电能量系统两条线路供电电流在15日早晨8：00后10kV线路B电流下降，线路A电流增加，咨询配网调度告知：15日，因所内110kV主变压器检修，一台主变压器供所有10kV负荷，为防主变压器过载，15日晨临时将10kV B线路某支线分段后段负荷调至由线路A供电，运行方式至16日恢复。

◎**整改措施** ①手工计算10kV线路A、B在运行方式调整日的组合线损率；②配网运行调度室定期向提供运行方式调整信息；③系统线路线损模块增加组合线损计算功能。

第九章

其 他 原 因

部分台区按常规思维排除基础档案、户变、计量、采集、窃电、设备等方面的问题后，仍存在线损率异常的情况；或是在配抢人员现场施工后，也会有台区线损突然异常的现象出现。此时台区线损管理人员往往需要多方观察、分析，并通过系统已有数据从一些较为少见的方面进行突破。

本章节希望此通过此类案例开拓台区管理人员思路，可以从常规方式之外找到新途径剖析疑难台区线损异常原因，从而实现该类台区的分析、核查及治理。

第一节 施 工 质 量 不 良

案例 61 客户计量装置电压连接片松动导致线损偏高 --------------------------

◎**案例现象** ××公共台区（台区编号：0100020392）线损偏高。

通过召测 8 月 11 日至 19 日的日线损记录发现，该台区日均供电量 794kWh、售电量 735kWh、损失电量 59kWh，线损率 7.47％。如图 9-1 所示为台区日线损走势。

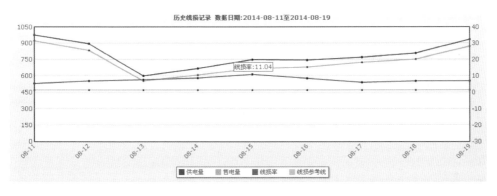

图 9-1　××台区日线损走势

◎**核查结论**

通过用采线损曲线图与客户电量比较，发现某客户（客户户号：0320697）用电量增加时，该台区线损率同步上升。

检查人员现场排查，发现该户电能表封印齐全，用钳型电流表测量电流、电压与电能表显示值是否对应，各项数据见表 9-1。

表 9-1 钳型电流表测得电流、电压与电能表显示值

钳型电流表测得实时电压、电流						电能表显示实时电压、电流					
U_U	U_V	U_W	I_U	I_V	I_W	U_U	U_V	U_W	I_U	I_V	I_W
223V	225V	224V	16.19A	15.38A	16.42A	225V	223V	225V	8.36A	8.14A	16.25A

从测量数据看出 U、V 两相电流有较大差异，检查人员打开表尾盖发现 U、V 两相的电流连线松动，拧紧电流接线柱螺丝后，测量结果与电能表显示值基本一致。整改后，该户日用电量明显增加，台区线损率稳定在 2% 左右。

◎**整改措施**　现场拧紧电能表的电流连线。

◎**整治效果**　自 2014 年 8 月 20 日起台区线损率降至 2.92%。如图 9-2 所示为台区整治后日线损走势。

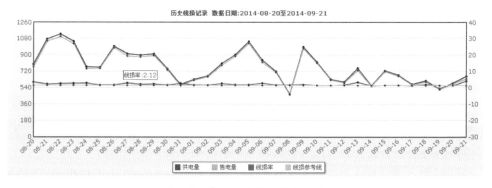

图 9-2　台区整治后日线损走势

第二节　配电人员变更运行方式未告知

案例 62　两台带低压母联配变运行方式变更致台区线损异常

◎**案例现象**　小区变 A（台区编号 0000021939），正向高线损、小区变 B（台区编号 0000021938），负线损且供电量为零，两个台区同在一个变电站，组合线损率正常。如图 9-3 所示为台区 A、B 日线损。

图 9-3　××台区 A、B 日线损

◎**核查结论**　经现场核实，因小区变 A 故障，配电人员停用小区变 A，通过低压

母联开关，将用电负荷全部切割至小区变 B，如图 9-4 所示为 A、B 变电站主接线。

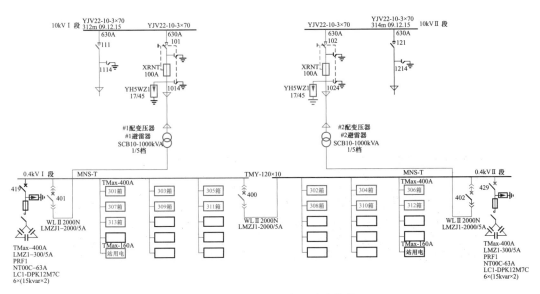

图 9-4 台区 A、B 变电站主接线

故障处理后，小区变 A 恢复运行，但配电人员未恢复变电站正常运行方式。

◎**整改措施** 恢复变电站正常运行方式

◎**整治效果** 两个小区变线损率分别恢复至 1.43％、0.41％。

第三节 配电人员操作不规范

案例 63 配电人员设备操作不规范影响台区线损

◎**案例现象** ××公共台区 A（台区编码 0100813752）线损率突增，最高达 76.49％。如图 9-5 所示为台区日线损走势。

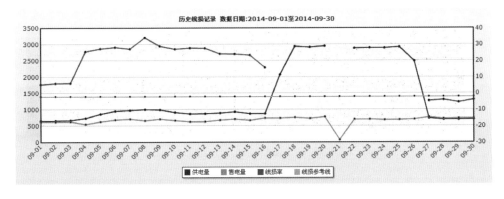

图 9-5 ××台区日线损走势

◎**核查结论** 检查人员连续 2 天跟踪该台区线损率和现场用电情况，均未发现异

常。调取台区9月日线损率变化曲线，发现该台区9月3日前线损率稳定在6%左右，9月4日开始突增，9月16日开始线损率过高无法计算。

进一步核查分析，9月4日该台区部分负荷切割至另一台公共台区，9月16日营销人员现场核对户变关系并调整营销系统内客户档案后继续观察，发现该台区线损率不降反增。

继续深入了解，配电人员于9月17日对上述2个台区进行过调档操作。随后营销人员调取17日前后该台区关口计量装置数据，如图9-6所示为台区异常前电压、图9-7所示为台区异常前电流、图9-8所示为台区异常后电压、图9-9所示为台区异常后电流。

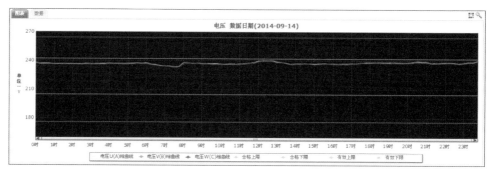

图9-6 台区异常前电压

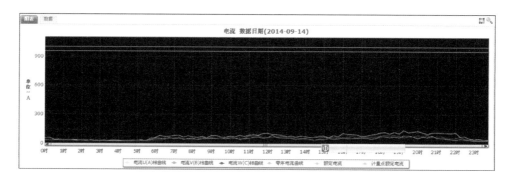

图9-7 台区异常前电流

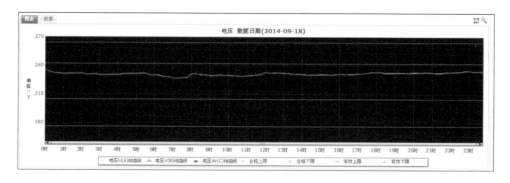

图9-8 台区异常后电压

通过对比，发现17日前后电压无异常、电流值发生突增，且发生时间与调档时间吻合，判断线损异常应该是配电变压器电压调档引起。9月26日现场检查，该台区箱

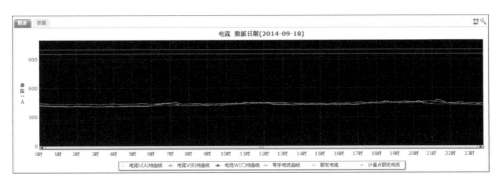

图 9-9 台区异常后电流

式变压器配电设备表象正常，进一步对配电变压器出线电流进行取样，发现与关口表电流存在较大差异，逐级排查，低压侧各出线实测电量与售电量一致，排除户变关系、窃电、客户电能表故障方面的问题，怀疑是与公共台区 B 之间的母联实际处于运行状态。检查人员立刻联系配电人员监测母联电流，发现两台区母联电流不为零，确认母联设备异常、母联开关处于运行状态。

经核实，调档操作后由于母联设备异常，造成台区 A、B 并列运行，致使两个台区均出现线损异常。配电人员随即对相关设备进行了缺陷处理。

◎**整治效果** 再次核查上述该台区电流均恢复到正常状态，线损率降至 4.41%。

第四节 台区负荷切割

案例 64 台区负荷切割未及时维护档案导致户变关系错 ----------

◎**案例现象** ××公共台区 A（台区编码：0000344081），持续负线损。

（1）线损不达标：2015 年 3 月 8 日，该台区全采集呈现负线损，损失电量高达 -451.64kWh，如图 9-10 所示为××台区日线损。

图 9-10 ××台区日线损

（2）连续 30 天历史线损，如图 9-11 所示为××台区日线损走势。

◎**核查结论** 经现场核查，发现 22-1 号、22-2 号、22-3 号低压客户已改由新投运的公共台区 B 供电，19-6 号和 19-8 号低压客户仍由台区 A 供电。

台区负荷切割后，运行人员未及时维护系统档案，导致台区户变关系错误，线损率

图 9-11　××台区日线损走势

异常。

◎**整改措施**　调整台区户变关系。

◎**整治效果**　调整户变关系后两个台区线损率分别恢复至 1.90%、3.59%。

案例 65　台区负荷挂接点有误导致户变关系错

◎**案例现象**　××公共台区 A（台区编号：0102192506），持续一周高线损。

（1）该台区全采集、线损率由 23 日开始不合格，24 日线损率为 5.68%，损失电量为 22.76kWh。如图 9-12 所示为台区 A 日线损。

图 9-12　台区 A 日线损

（2）连续 30 天历史线损，如图 9-13 所示为台区 A 日线损走势。

◎**核查结论**　11 月 23 日至 11 月 29 日台区 A 下有两个客户（客户户号：1873409、1679164）突然挂接至台区 B（台区编码：0200013126），导致该台区 11 月 23 日线损率为－34.87%。如图 9-14 所示为台区 A 日线损。

台区 B 连续 30 天历史线损如图 9-15 所示为台区 B 日线损走势。

核查发现这两个客户本应挂接于 A1 电杆，但系统档案中误挂接于 A2 电杆，导致切割 A2 电杆负荷时上述两户被异动至台区 B，造成户变关系错误。

◎**整改措施**　台区 B 下两个客户恢复正常挂接至台区 A 的 A1 电杆。

◎**整治效果**　维护系统挂接关系（包括台账、图形），线损率恢复至 0.84%。

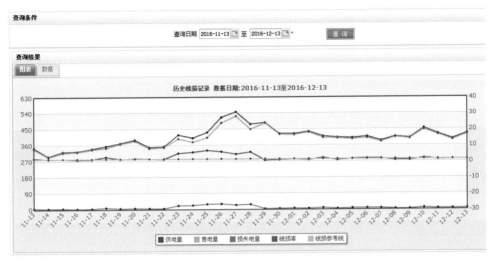

图 9-13　台区 A 日线损走势

电量日期	供电量	售电量	损失电量	线损率(%)
2016-11-23	141.294	190.57	-49.276	-34.87
2016-11-24	126.75	181.31	-54.56	-43.05
2016-11-25	151.794	213.31	-61.516	-40.53
2016-11-26	109.2	172.56	-63.36	-58.02
2016-11-27	120.342	171.04	-50.698	-42.13
2016-11-28	125.658	189.47	-63.812	-50.78

图 9-14　台区 B 日线损

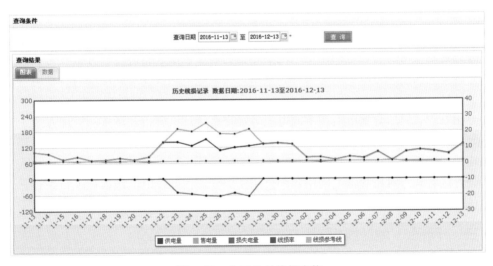

图 9-15　台区 B 日线损走势

附 录 指 标 解 释

一、 线损及线损管理

线损 电力网在输送和分配电能的过程中，所产生的全部电能损耗，简称线损。线损包括技术线损和管理线损。

技术线损 经由输变配售设施所产生的损耗，技术线损可通过理论计算来获得。

管理线损 在输变配售过程中由于计量、抄表、窃电及其他管理不善造成的电能损失。

线损管理 为确定和达到电力网降损节能目标，所开展的各项管理活动的总称。它是从电力网各个环节出发，通过制定和实施一系列规划计划、统计分析、考核奖惩等措施，达到"技术线损最优，管理线损最小"。

理论线损计算 电网经营企业根据设备参数和电网运行实测数据，对其所管辖输配电网络进行理论损耗的计算。

线损电量 电力网在输送和分配电能的过程中，由于输、变、配设备存在着阻抗，在电流流过时，就会产生一定数量的有功功率损耗。在给定的时间段（日、月、季、年）内，输、变、配设备以及营销各环节中所消耗的全部电量称为线损电量。

二、 线损 "四分" 管理

"四分"管理 对所辖电网线损采取包括分区、分压、分元件和分台区等综合管理方式。

分区管理 对所管辖电网按供电范围划分为若干区域进行统计、分析及考核的管理方式。区域是指按照行政区划分为省、地市、县级等电网或变电站围墙内各种电气设备组成的区域。

分压管理 对所管辖电网按不同电压等级进行统计、分析及考核的管理方式。

分元件管理 对所管辖电网中各电压等级线路、变压器、补偿元件等电能损耗进行分别统计、分析及考核的管理方式。

分台区管理 对所管辖电网中各个公用配电变压器的供电区域损耗进行统计、分析及考核的管理方式。

三、 网损、 地区线损

网损 由各级调度部门管理的送、变电设备产生的电能损耗。分为跨国、跨区、跨省、省网网损四部分。跨国、跨区、跨省网损是指跨国跨区跨省联络线以及"点对网"跨国跨区跨省送电线路的电能损耗。省网网损是指省调管理的输变电设施的电能损耗（目前主要为 220kV 及以上电能损耗）。

地区线损 一般是指地级市（州）供电企业负责所管辖范围的电网电能损耗。省网网损和地区线损为省级电网覆盖范围内的电网损耗。

四、台区日线损统计

台区总数：有运行配电变压器的 PMS 公用配电台区数，台区总数＝合格台区数＋小电量台区数＋不合格台区数＋无关口台区数。

合格台区（A＋B）数：当日线损率在－1％～7％范围内的台区数，包括 A 类和 B 类台区以及本月内的变化。

小电量台区（D）数：当日台区损失电量小于等于 3，或者供电量小于等于 10 且售电量小于等于 15，或供电量小于等于 200 且允许的损失电量为 －（倍率/100＋3＋供电量/100）到 ＋（倍率/100＋3＋供电量×7/100），包括 D 类台区以及本月内的变化。

不合格台区（C）数：当日线损率不在－1％～7％范围内的台区数，包括 C 类台区以及本月内的变化。

无关口台区（F）数：无供电计量点、未装关口总表或者总表未被采集，但至少有一个在用售电侧结算计量点的台区，包括 F 类台区以及本月内的变化。

上月 A 类台区数：上月月度线损值考核合格且接近合理值（与聚类值偏差小于2％），月内日线损值波动率小（月内有至少有 20 天日线损与聚类值偏差小于2％）的合格稳定台区。

五、线损率计算方法

1. $线损率＝\dfrac{线损电量}{供电量}×100\%＝\dfrac{供电量－售电量}{供电量}×100\%$

其中，供电量＝电厂上网电量＋电网输入电量－电网输出电量售电量＝销售给终端用户的电量，包括销售给本省用户（含趸售用户）和不经过邻省电网而直接销售给邻省终端用户的电量。

2. $有损线损率＝\dfrac{线损电量}{供电量－无损电量}×100\%＝\dfrac{供电量－售电量}{供电量－无损电量}×100\%$

其中，供、售电量定义与线损率计算方法相同。无损电量是一个相对概念，是指在某一电压等级下或某一供电区域内没有产生线损的供（售）电量。

线损电量 ＝ 供电量－售电量

供电量：电网企业供电生产活动的全部投入量，它由发电厂上网电量、外购电量、邻网输入/输出电量组成。

供电量＝发电厂上网电量＋外购电量＋邻网输入电量－向邻网输出电量

售电量：指电网企业销售给用户的电量和本企业供给非电力生产用的电量。

3. 各级线损率的计算

（1）跨国跨区跨省网损率＝跨国跨区跨省联络线和"点对网"送电线路（输入电量－输出电量）/输入电量×100％

（2）$省网网损率＝\dfrac{省网输入电量－省网输出电量}{省网输入量}×100\%$

省网输入电量＝电厂 220kV 及以上输入电量＋220kV 及以上省间联络线输入电量＋地区电网向省网输入电量省网输出电量＝省网向地区电网输出电量＋220kV 及以上用户

售电量＋220kV 及以上省间联络线输出电量

（3）地区线损率＝$\dfrac{\text{地区供电量－地区售电量}}{\text{地区供电量}}\times100\%$

地区供电量＝本地区电厂 220kV 以下上网电量＋省网输入电量－向省网输出电量

地区售电量＝本地区用户抄见电量

（4）分压线损率＝$\dfrac{\text{该电压等级输入电量－该电压等级输出电量}}{\text{该电压等级输入电量}}\times100\%$

其中：该电压等级输入电量＝接入本电压等级的发电厂上网电量＋本电压等级外网输入电量＋上级电网主变压器本电压等级侧的输入电量＋下级电网向本电压等级主变压器输入电量（主变压器中、低压侧输入电量合计）

该电压等级输出电量＝本电压等级售电量＋本电压等级向外网输出电量＋本电压等级主变压器向下级电网输出电量（主变压器中、低压侧输出电量合计）＋上级电网主变压器本电压等级侧的输出电量。

（5）分元件线损率元件损失率＝元件（输入电量－输出电量）/元件输入电量×100%

变压器输入电量是变压器高、中、低压侧流入变压器的电量之和，变压器输出电量是变压器高、中、低压侧流出变压器的电量之和。

（6）分台区线损率台区线损率＝$\dfrac{\text{台区总表电量－用户售电量}}{\text{台区总表电量}}\times100\%$

两台及以上变压器低压侧并联，或低压联络开关并联运行的，可将所有并联运行变压器视为一个台区单元统计线损率。

六、 辅助指标

1. 母线电能不平衡率

变电站母线输入与输出电量之差称为不平衡电量，不平衡电量与输入电量比率为母线电能不平衡率。该指标反映了电能平衡情况。

母线电能不平衡率＝$\dfrac{\text{输入电量－输出电量}}{\text{输入电量}}\times100\%$

2. 月末抄表电量比重

月末 25 日及以后抄表电量比重是指 25 日零时至本月最后一天 24 时累计抄表电量之和占全月抄表电量的比例。

3. 月度等效抄表时间＝$\sum e\times i/E$

式中：e 为每日抄表发行电量；i 为日历天数；E 为每月售电量。

4. 变电站站用电量

变电站站用电是指变电站内部各用电设备所消耗的电能。主要是指维持变电站正常生产运行所需的电力电量，具体包括主变压器冷却系统用电，蓄电池充电机用电，保护、通信、自动装置等二次设备用电，监控系统及其附属设备用电，深井泵和消防水泵用电，生产区照明及冷却、通风等动力用电，断路器、隔离开关操动机构用电，设备检修用电等。

5. 办公用电

办公用电是指供电企业在生产经营过程中，为完成输电、变电、配电、售电等生产经营行为而必须发生的电能消耗，电能所有权并未发生转移，包括供电企业所属机关办公楼、调度大楼、供电（营业）所、检修公司、信息机房、集控站等办公用电，不包括供电企业租赁场所用电（非供电单位申请用电的）、供电企业出租场所用电、多经企业用电和集体企业用电、基建技改工程施工用电。

6. 分线、分台区管理比例

是指以线路或台区为单元开展线损管理的情况。分线管理比例按照电压等级进行分别统计。

某一电压等级分线管理比例＝该电压等级进行线损管理的分台区管理比例＝按台区进行线损率统计分析管理的个数/台区总数×100%

7. 配电变压器三相负荷不平衡率

反映某配变所带三相负荷的均衡度情况，通常采用三相电流进行衡量，三相电流不平衡率不应超过15%。为了便于月度统计，采用三相电量进行衡量，其不平衡率也不应超过15%。

$$\beta = (E_{max} - E_{min}) \div E_{max} \times 100\%$$

式中　β 为三相电量不平衡率，%；E_{max} 为三相相电量中最大值，MWh；E_{min} 为三相相电量中最小值，MWh。

七、 关口电能计量点分类

发电上网关口　发电公司（厂、站）与国家电网公司系统电网经营企业或其所属供电企业之间的电量交换点。

跨国输电关口　国家电网公司系统与其他国家或地区电网经营企业之间的电量交换点。

跨区输电关口　国家电网公司与南方电网公司之间、国家电网公司与其所属区域公司之间、国家电网公司所属区域公司之间的电量交换点，包括用于计算线损分摊比例的电量计量点。

跨省输电关口　国家电网公司所属各公司之间的电量交换点。

省级供电关口　国家电网公司所属省级电力公司与其所属地（市）供电企业之间以及各地（市）供电企业之间的电量交换点。

地市供电关口　地（市）供电企业与其所属县级供电企业之间以及各县级供电企业之间电量交换点。

趸售供电关口　省级电力公司及所属地（市）供电企业的趸售电量计量点。

内部考核关口　供电企业内部用于经济技术指标分析、考核的电量计量点。关口电能计量点安装的电能计量装置统称为"关口电能计量装置"，包括电能表、计量用电压、电流互感器及其二次回路、电能计量屏（柜、箱）等。